大学入試

生物基礎の最重要知識スピードチェック

大森 徹 著

文英堂

■「**本当に必要なポイントだけを，出題される形で整理する**」という趣旨で，このシリーズの「生物」は1996年に『大学入試の得点源』の名で誕生しました。以来，予想を上回る大好評を得て，重版，そして改訂を重ね，受験生からは「短時間で実力がアップした！」教員の先生方からも「まとめ方を参考にさせてもらっている」といったお便りを数多くいただきました。

■そういった前作の長所を活かしつつ，新課程を機にさらにパワーアップさせてお届けします。紙面デザインを見やすく一新し，**より実戦に即して最新の内容にアップデートしました**。さらに，単元末・章末に**【スピードチェック】【チェック問題】**を設け，知識だけでは解けない重要頻出の計算問題を**【例題】**として取り上げて，解き方のコツがつかめるよう工夫しました。

■この本を最大限に利用して，最も効率的な勉強で，「生物が得意」，そして「生物が大好き！」となってくれることが私にとっての最高の喜びです。頑張ってください!!

著者しるす

目次

第1章 生物の特徴

第2章 遺伝子とその働き

第3章 体内環境と情報伝達

第4章 免疫

第5章 生物の多様性と生態系

発展　「生物」で学習する範囲で，本文の理解を深める事項を扱っています。

例題

1 生物の共通性と多様性

すべての生物に共通する特徴は次の4点！

1 **細胞**を構造上，機能上の基本単位とする。――**細胞膜**によって内部と外界が仕切られ，細胞膜を介して物質の交換が行われる。

2 **代謝**を行い，エネルギーを出入りさせる。

代謝＝生体内で行われる化学反応

解説 合成する反応を**同化**，分解する反応を**異化**という（⇨*p.15*）。代謝ではエネルギーをいったんATP（⇨*p.14*）という化学物質に蓄え，さまざまな生命活動に利用している。

「デオキシリボ核酸」の略称

3 遺伝情報として**DNA**を持ち，**増殖**することができる。

解説 遺伝子の本体は**DNA**（⇨*p.22*）という物質で，すべての生物は細胞内にDNAを持っている。DNAは細胞分裂の際に**複製**され，新しい細胞へと分配される。生物は**生殖**によって増殖し，自らの遺伝情報を子孫に伝える**遺伝**のしくみを持っている。

4 刺激に対して**反応**し，**恒常性**を保つ。

→ ① からだを動かす。 例 熱い物に手が触れると引っ込める。

→ ② **体内環境を一定範囲内に維持**する（⇨第3章・第4章）。 例 気温が上がったときや運動したとき，汗をかくなどして体温の上昇を抑える。

⇨これらの共通性は，すべての生物が共通の祖先に由来することによる。

ウイルスは生物と無生物の中間的な存在。

ウイルスは { ① **細胞**でできているのではなく，② **代謝**も行わず，③ 単独では**増殖**もできない。} したがって生物とはいえない。

★★★ 最重要 3

生物には**共通性**とともに**多様性**がある。

この数値はよく問われる！

1 名前が付けられている生物種は **190万種**。
その中で**昆虫類**が**100万種**を占める。

2 多様な生物が存在するのは，生物が**長い年月をかけて** **進化** **してきたから**。

3 **生物の進化の道筋**を **系統**（けいとう），系統を表した図を **系統樹**（けいとうじゅ） という。

〔**系統樹の例**〕

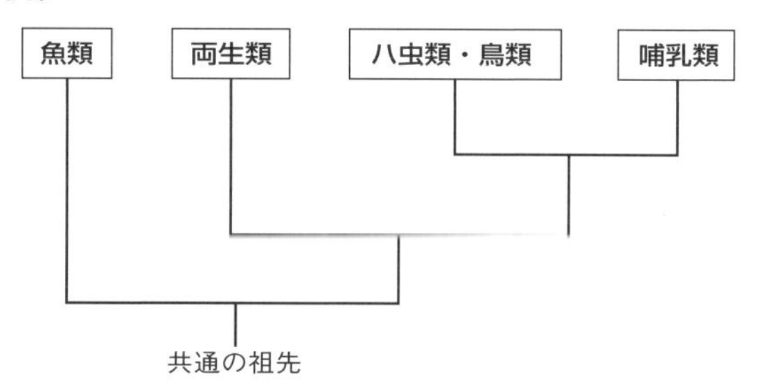

★★★ 最重要 4

生物は核を持たない**原核細胞**からなる**生物**と核を持つ**真核細胞**からなる**生物**に**分類**される。

原核細胞（核を持たない細胞）からなる生物。

特に重要！

原核生物
- **細菌**：大腸菌，シアノバクテリア（ユレモ，ネンジュモ）
- **アーキア**：メタン生成菌，超好熱菌

真核細胞（核を持つ細胞）からなる生物。

真核生物
- **動物**
- **菌類**：アカパンカビ，シイタケ，酵母
- **植物**
- **原生生物**：ゾウリムシ，ミドリムシ，コンブ，ワカメ

細菌ではないので注意！

解説 **動物**，**菌類**（カビの仲間），**植物**，原生生物はすべて真核生物である。原核生物は細菌からなるが，近年，分子レベルや細胞レベルで大きく異なる「**細菌（バクテリア）**」と「**アーキア（古細菌）**」の２つの系統があることが明らかになった。

長さの単位は，絶対にマスターしておこう！

1 1 m の $\frac{1}{1000}$ が 1 mm（ミリメートル）　10^3 mm = 1 m

2 1 mm の $\frac{1}{1000}$ が **1 μm**（マイクロメートル）　10^3 μm = 1 mm

3 1 μm の $\frac{1}{1000}$ が **1 nm**（ナノメートル）　10^3 nm = 1 μm

生物に関するいろいろな大きさについては，次の 6 種類を覚えておけば大丈夫！

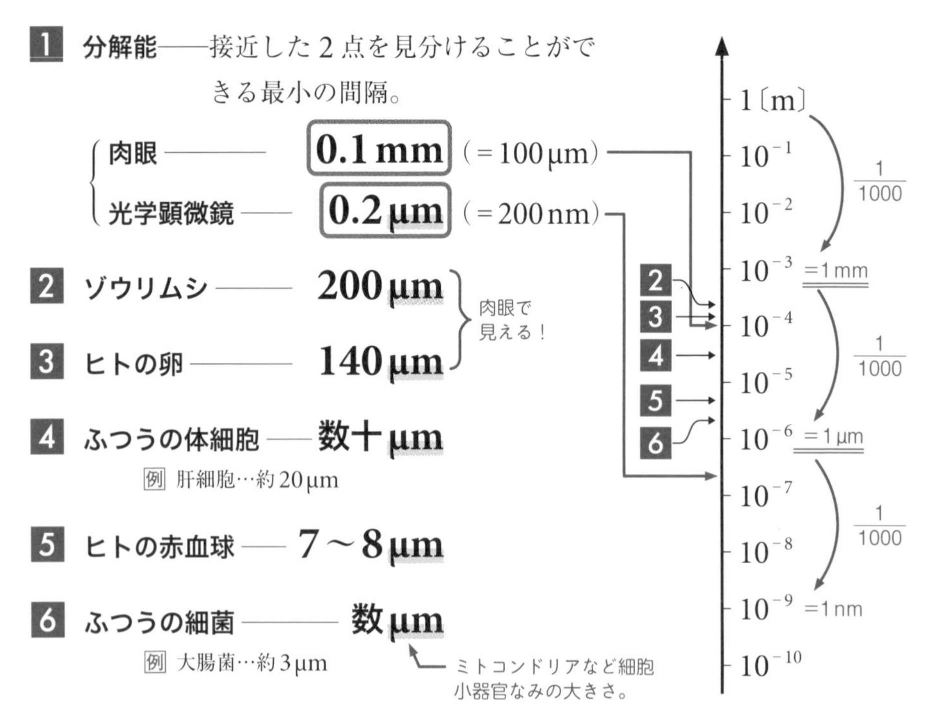

スピードチェック

□ 1 すべての生物のからだを形づくる構造上および機能上の基本単位は何か。 ➡ 最重要 1

□ 2 すべての生物が体内で行っている化学反応を総称して何というか。 ➡ 最重要 1

□ 3 すべての生物が遺伝情報として細胞内に持つ物質をアルファベット3文字で答えよ。 ➡ 最重要 1

□ 4 細胞に侵入してその細胞の働きを利用することで増殖するが，単独では生命活動を行わない，生物と無生物の中間的な存在とされるものは何か。 ➡ 最重要 2

□ 5 生物の進化の道筋を表した図を何というか。 ➡ 最重要 3

□ 6 地球上に生息し名前が付けられた生物種は何種類か。 ➡ 最重要 3
① 1900万種　② 190万種　③ 19万種　④ 19億種

□ 7 地球上に生息し名前が付けられた生物の中で最も種類が多いのは次のうちどの仲間か。 ➡ 最重要 3
① 細菌　② 核を持つ単細胞生物　③ 昆虫類　④ 菌類

□ 8 次の中から真核生物を選べ。 ➡ 最重要 4
① 大腸菌　② 酵母　③ ユレモ　④ ネンジュモ

□ 9 1 μmは何mか。次の中から選べ。 ➡ 最重要 5
① 10^{-3}m　② 10^{-6}m　③ 10^{-9}m　④ 10^{-12}m

□ 10 1 nmは何mmか。次の中から選べ。 ➡ 最重要 5
① 10^{-3}mm　② 10^{-6}mm　③ 10^{-9}mm　④ 10^{-12}mm

□ 11 次のうち最も大きいものと最も小さいものを選べ。 ➡ 最重要 6
① ゾウリムシ　② ヒトの卵
③ 大腸菌　④ ヒトの赤血球

解答

1 細胞　2 代謝　3 DNA　4 ウイルス　5 系統樹　6 ②　7 ③　8 ②
9 ②　10 ②　11 最も大きい…①，最も小さい…③

2 細胞

最重要 7 核の特徴として図とともに次の 3 点を覚えよう！

1 核は **二重膜** からなる**核膜**に囲まれている。

核膜孔という物質の出入口がある。

2 内部に **DNA** からなる **染色体** を含む。

酢酸オルセイン溶液などの染色液でよく染まる。

補足　染色体はDNA（⇨最重要 18）とタンパク質が結合してできたものである（⇨ p.28）。

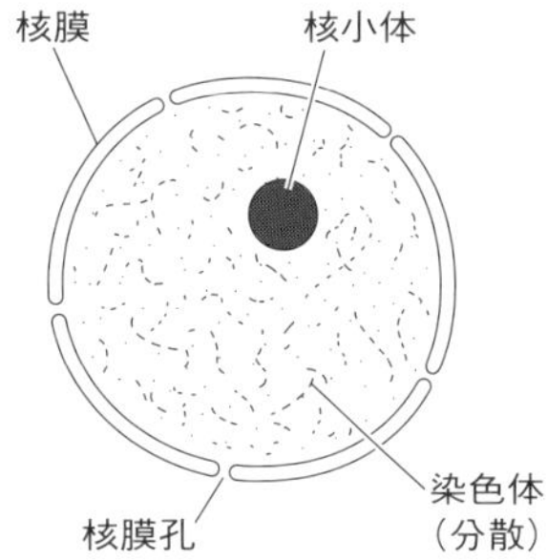

核膜
核小体
核膜孔
染色体（分散）

3 **核小体** という小さな粒状の構造が **1 〜数個**ある。

補足　核小体は**RNA**（⇨ p.23）とタンパク質からなり，rRNAの合成の場となる。

最重要 8 ミトコンドリアの特徴も，図とともに次の 3 点を覚えよう！

1 **二重膜** からなり，内膜は**ひだ状に突出**。

内膜と外膜の 2 枚の二重膜。

クリステという。

2 **呼吸** により**生命活動に必要なエネルギーを取り出す**。

ATP を生成する。

解説　**呼吸**は酸素を使って有機物を分解する反応（⇨最重要 15）。

補足　呼吸の反応は，前半の過程は細胞質基質で行われ，ミトコンドリアで行われる後半の過程で大量のATPが合成される。

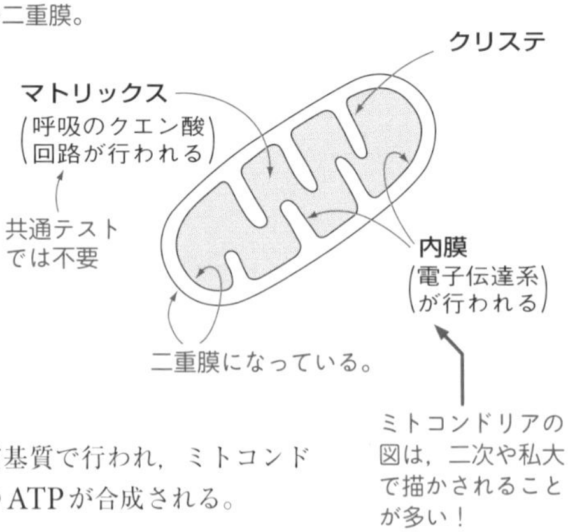

クリステ
マトリックス（呼吸のクエン酸回路が行われる）
共通テストでは不要
内膜（電子伝達系が行われる）
二重膜になっている。
ミトコンドリアの図は，二次や私大で描かされることが多い！

3 **独自のDNA**を持ち，**半自律的に増殖**する。

核とは別のDNA　　細胞内で分裂

★★ 最重要 9

葉緑体の特徴も，図とともに次の 3 点を覚えよう！

1 **二重膜**からなり，内部には**扁平な袋状の膜**がある。 ← チラコイドという。

チラコイド（光合成色素が含まれる）
共通テストでは不要
グラナ（チラコイドが重なっている）
葉緑体の図も二次や私大で描かされることが多い！
ストロマ（光合成のカルビン回路が行われる）
二重膜

2 **光合成**により，二酸化炭素と水から**有機物**を合成する。 ← グルコースなどの炭水化物

補足 葉緑体の**チラコイド**に**クロロフィル**などの色素が存在し，光合成の反応は，まずここで光を吸収し ATP を合成する。この ATP などを利用して**ストロマ**の部分で CO_2 を取り込み有機物を合成する回路反応が行われる（⇨最重要 16）。

3 **独自の DNA** を持ち，**半自律的に増殖**する。

発展 1

ミトコンドリアと葉緑体の起源について，次の 2 点を押さえよう！

1 ミトコンドリアは**好気性細菌**が
葉緑体は**シアノバクテリア**が
細胞内共生して生じた。

＝共生説

解説 **好気性**とは，酸素を利用して有機物を分解する**呼吸**を行って生きられる性質をいう。原始的な真核生物は酸素を利用できない**嫌気性**の生物で，好気性細菌が細胞に入り込み共生したことで同じ有機物からはるかに高いエネルギーを得られるようになった。

2 **共生説の根拠**（論述問題でも問われる！）

ミトコンドリアと葉緑体はいずれも**独自の DNA** を持ち，**半自律的に増殖**することができる。

解説 核の支配から独立してふるまうことから，ミトコンドリアと葉緑体はもともとは他の部分とは別の生物であったことを示唆している。

★ 最重要 10

その他の細胞構造については，次のポイントを押さえておけばOK！

1 細胞膜

① 厚さが **5～10 nm**（ナノメートル）の膜。

② リン脂質とタンパク質からなる。

③ 細胞内外への物質の出入りの調節，細胞外からの刺激の受容の働き。

2 液胞

① **成熟した植物細胞で発達**。

② 内部の液体を **細胞液** という。

糖や無機塩類を含む液体。この名称はちゃんと覚える！

③ 花弁の細胞などには **アントシアン** という色素が含まれる。

3 細胞壁

① 細胞を保護し，形を保持する働き。

② 植物細胞の細胞壁の主成分は **セルロース** やペクチン。

この名称はよく問われる！

4 細胞質基質（サイトゾル）

① 構造体の間を満たす液状部分。

呼吸の反応の前半部分。

② **解糖系**や**発酵**などさまざまな化学反応が行われる場。

③ 流動性があり，**細胞質流動**（原形質流動）が見られる。

細胞小器官が生きている細胞内を流動する。

共通テストで出題されるのはここまで！

5 ゴルジ体

① **何重にも重なった扁平な袋状の膜**と，その周囲に散在する小さい球状の袋からなる。

② 細胞外への**物質の分泌**に関与。

6 中心体——2個の**中心粒**からなる。← 膜構造は持たない。

役割：細胞分裂時に，**紡錘体の起点となる**。

補足 **鞭毛**や**繊毛**の形成にも関与。⇨ 精子をつくるシダ植物やコケ植物にはある（下表※3）。

7 リボソーム——30 nm程度の小さい粒状。← 膜構造は持たない。

役割：**タンパク質合成の場**。

8 小胞体——枝分かれした扁平な長い袋状の構造。

役割：**タンパク質の輸送**や脂質合成を行う。

補足 リボソームが付着した**粗面小胞体**とリボソームが付着していない**滑面小胞体**がある。

9 リソソーム——球状の袋。

役割：内部に**加水分解酵素**を含み，**細胞内消化**を行う。

最重要 11 ★★

細胞小器官の有無は重要!!!
特に，核・ミトコンドリア・葉緑体!!!

	原核生物	動物	植物	菌類
核	×	○	○	○
ミトコンドリア	×	○	○	○
葉緑体	× ※1	×	○	×
細胞壁	○	×	○	○
発達した液胞	×	× ※2	○	○
細胞膜	○	○	○	○
ゴルジ体	×	○	○	○
中心体	×	○	△ ※3（上参照）	×
リボソーム	○	○	○	○
小胞体	×	○	○	○
リソソーム	×	○	○	○

共通テストはここまで！（核〜細胞膜）

※1 原核生物の**シアノバクテリア**は，葉緑体を持たないが，光合成色素を含むチラコイド膜はあり，光合成に必要な酵素も持っているため光合成を行うことができる。

※2 動物細胞にも液胞は存在するが，発達しない。**「発達した液胞」の有無を問われたら動物細胞には「ない」と答える。**

★ 最重要 12

単細胞生物については，次のゾウリムシとミドリムシの図を覚えておくこと。

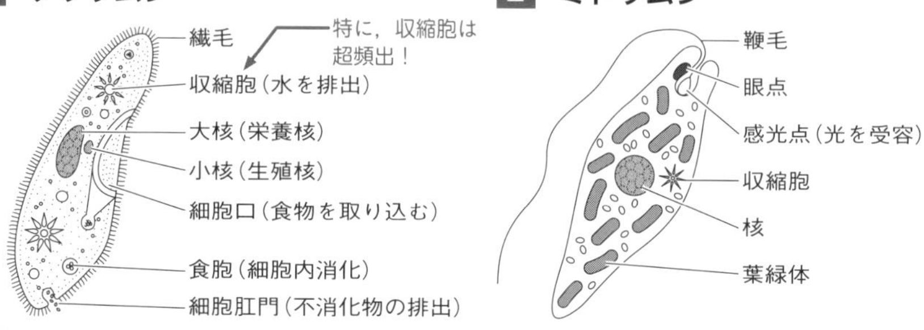

3 単細胞生物が複数集まって，１つの生物のように生活しているものを **細胞群体** という。⇨ オオヒゲマワリ（ボルボックス）が代表例。

発展 2

二次，私大で出題される細胞分画法は，次の３つのポイントを押さえておけば大丈夫！

1 **大きさや重さの違い**によって細胞小器官を順に分ける。

2 次の順に分画される。

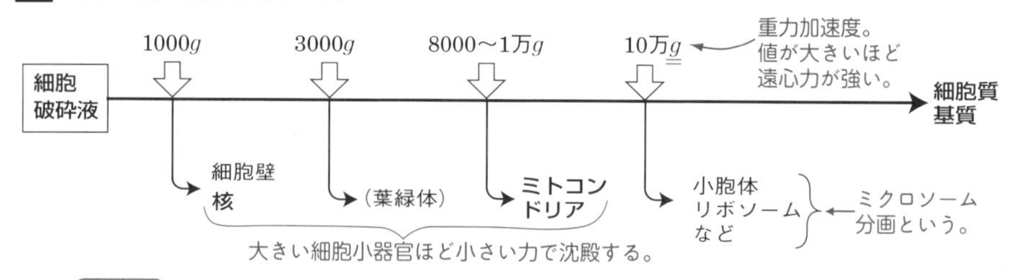

3 **低温**（4℃以下）で行う。

理由：**酵素作用を低下させ，細胞小器官の分解を防ぐため。**

← 論述問題で問われる！

解説 細胞を破砕する際にリソソームが壊れ，放出された加水分解酵素などにより細胞小器官が分解されるのを防ぐため低温に保って実験する。一般に酵素は35～40℃でよく働くが，4℃以下ではほとんど働かない。モーターの過熱によるタンパク質の熱変性を防ぐという役割もある。

スピードチェック

□ 1 次の中から内部にDNAからなる染色体を含む細胞小器官を選べ。 ➡ 最重要 7
① 核　② ミトコンドリア　③ 葉緑体　④ 液胞

□ 2 呼吸を行い生命活動に必要なエネルギーを取り出す細胞小器官を答えよ。 ➡ 最重要 8

□ 3 葉緑体の主な役割を次から選べ。 ➡ 最重要 9
① 呼吸　② 免疫　③ 光合成　④ 解毒と排出

□ 4 葉緑体内の扁平な袋状の膜を何というか。次から選べ。 ➡ 最重要 9
① クリステ　② マトリックス
③ チラコイド　④ ストロマ

□ 5 次の中から二重膜からなる細胞小器官をすべて選べ。 ➡ 最重要 7～9
① 核　② ミトコンドリア　③ 葉緑体　④ 液胞

□ 6 次の中から内部にDNAを含む細胞小器官をすべて選べ。 ➡ 最重要 7～9
① 核　② ミトコンドリア　③ 葉緑体　④ 液胞

□ 7 液胞に含まれる液体を何というか。 ➡ 最重要 10

□ 8 細胞壁の主な役割を答えよ。 ➡ 最重要 10

□ 9 細胞壁の主な成分を次の中から2つ選べ。 ➡ 最重要 10
① ペクチン　② アントシアン
③ セルロース　④ スクロース

□10 細胞内にミトコンドリアを持つものを次の中からすべて選べ。 ➡ 最重要 11
① 大腸菌　② ゴリラ　③ ダリア　④ シイタケ

□11 シアノバクテリアは葉緑体を持つか持たないか。 ➡ 最重要 11

解答

1 ①　2 ミトコンドリア　3 ③　4 ③　5 ①②③　6 ①②③　7 細胞液
8 細胞の保護，細胞の形の保持　9 ①③　10 ②③④　11 持たない

3 エネルギーと代謝

最重要 13 ATPについては，次の3点を覚えよう！

A　T　P（リンの元素記号と同じ）

1 名称：**アデノシン三リン酸**

漢字の三。3と書かないように。

2 構造：**アデニン＋リボース＋リン酸×3**

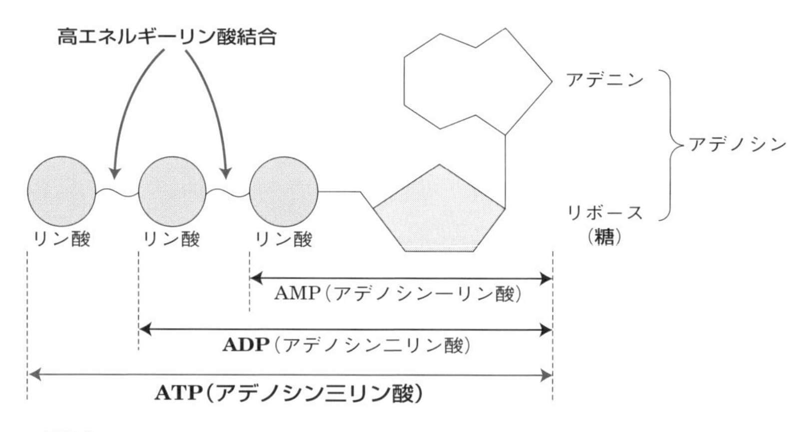

解説 **アデニン**（核酸を構成する塩基の一種⇨ *p.22*）と**リボース**（糖の一種。これも核酸を構成する物質の1つ）を合わせて**アデノシン**といい，これに**リン酸**が3つ結合しているので**アデノシン三リン酸（ATP）**という。

解説 リン酸とリン酸の間の結合は **高エネルギーリン酸結合** と呼ばれ，他の結合よりも多くのエネルギーが蓄えられている。ATPには**リン酸が3つ**，**高エネルギーリン酸結合は2つ**ある。

3 **ATP** ⇄ **ADP＋リン酸**

の反応によってエネルギーを出し入れする。

解説 ATP（アデノシン三リン酸）から末端のリン酸を切り離すと**エネルギーが放出**され ADP（アデノシン二リン酸）になる。逆に**ADPとリン酸からATPを合成するときにはエネルギーが吸収される。**

最重要 14

代謝とATPの関係を下の図で理解せよ！

（代謝：生体内で行われる化学反応のこと。）

代謝

- **同化**――外界から取り入れた**簡単な物質から**（二酸化炭素や水など。），からだを構成する**複雑な物質**（炭水化物やタンパク質など。）**を合成する**反応。
  エネルギーを必要とする。光合成など。
- **異化**――複雑な物質を簡単な物質に**分解する**反応。
  エネルギーが生じる。呼吸や発酵など。

解説 無機物（二酸化炭素，水，アンモニアなど）から簡単な有機物（グルコース，アミノ酸など）を合成する同化は**一次同化**，簡単な有機物から複雑な有機物（グリコーゲン，デンプン，タンパク質など）を合成する同化は**二次同化**という。植物は一次同化も二次同化も行えるが，動物は一次同化は行えず，二次同化のみを行う。動物が，まったく同化が行えないわけではないので注意！一方，異化はすべての生物が行う。

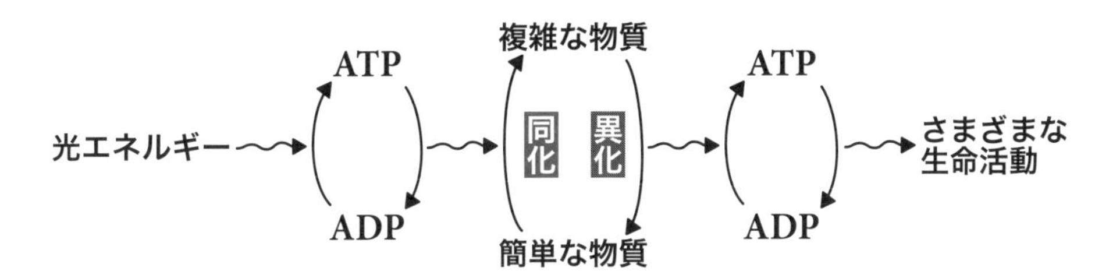

解説 代謝に伴うエネルギーのやり取りは**ATP**を仲立ちとして行われる。そのような意味でATPは「**エネルギーの通貨**」として働いている。

最重要 15

呼吸についてはあらすじを押さえればOK!!

1 **呼吸**——細胞内で**酸素を利用して有機物を分解**し，生じたエネルギーで**ATPを合成する**反応。

2 呼吸全体の反応をまとめると次のようになる。

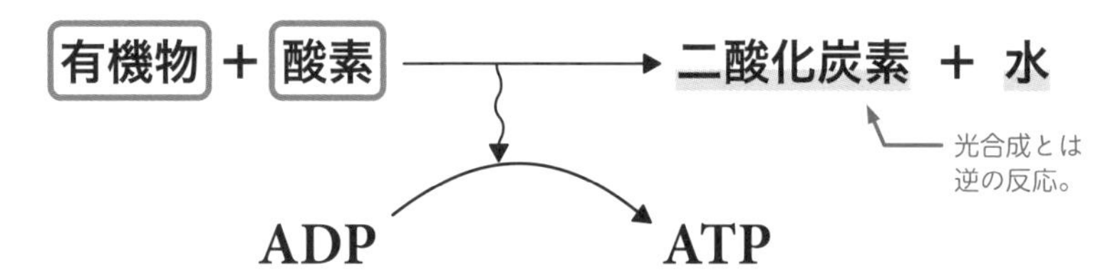

補足 **〈呼吸の少しくわしいしくみ〉**(共通テストでは不要)

呼吸は次の3段階の反応からなる。

① **解糖系**：グルコースがピルビン酸にまで分解される反応で，細胞質基質で行われる。

② **クエン酸回路**：ピルビン酸がさらに分解されて高いエネルギーを持った電子が生じ，二酸化炭素が放出される。この反応はミトコンドリア内のマトリックスで行われる。

③ **電子伝達系**：解糖系やクエン酸回路で生じた電子を受け渡すことで多量のATPが合成される。電子は最終的には水素イオンと酸素と結合して水になる。この反応はミトコンドリアの内膜で行われる。

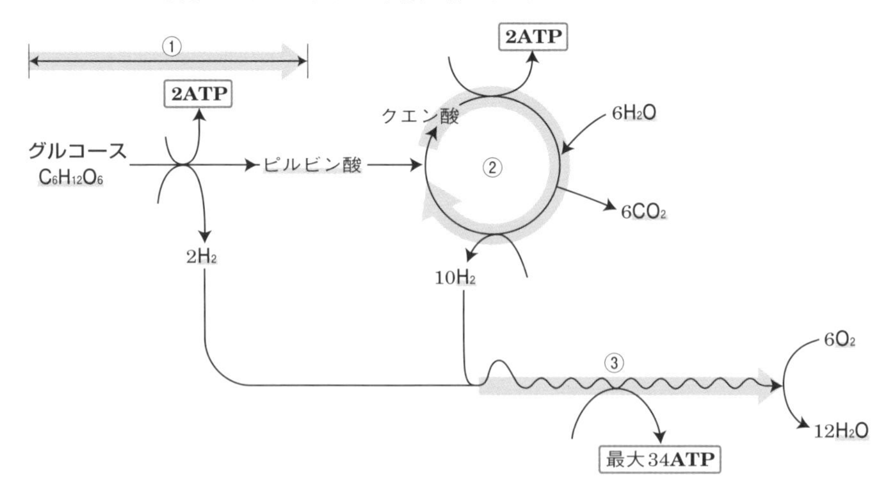

光合成についても，あらすじを覚えておけばOK！

1 **炭酸同化**——二酸化炭素を材料にして，エネルギーを使って炭水化物などの**有機物を合成**すること。

2 **光合成**——**光エネルギー**を使って炭酸同化を行うこと。

3 光合成全体の反応をまとめると次のようになる。

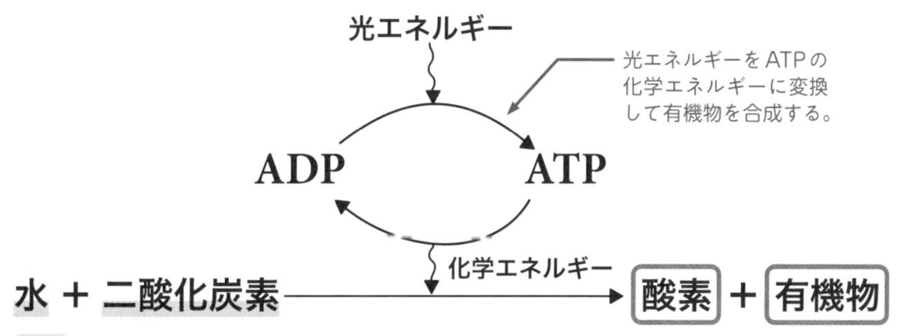

補足 〈**光合成の少しくわしいしくみ**〉(共通テストでは不要)

① 光エネルギーを**クロロフィル**などの光合成色素が吸収する。

② 吸収したエネルギーによって水が酸素と水素に分解される。

③ 吸収したエネルギーによってADPとリン酸からATPが合成される。
⇨ この反応を**電子伝達系**という。

④ ATPのエネルギーを使って二酸化炭素と水素から有機物が合成される。
⇨ この反応を**カルビン回路**という。

※①～③の反応は葉緑体の中の**チラコイド**で，④の反応は葉緑体の中の**ストロマ**で行われる。

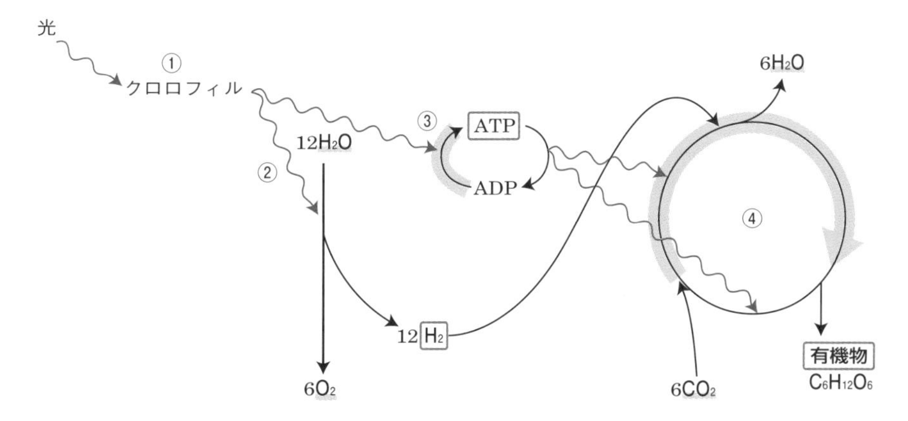

最重要
★★ 17

代謝に不可欠な酵素の特徴を覚えよう！

1 酵素は生体触媒。

自分自身は変化せず，化学反応を促進させる物質。

2 基質特異性がある。

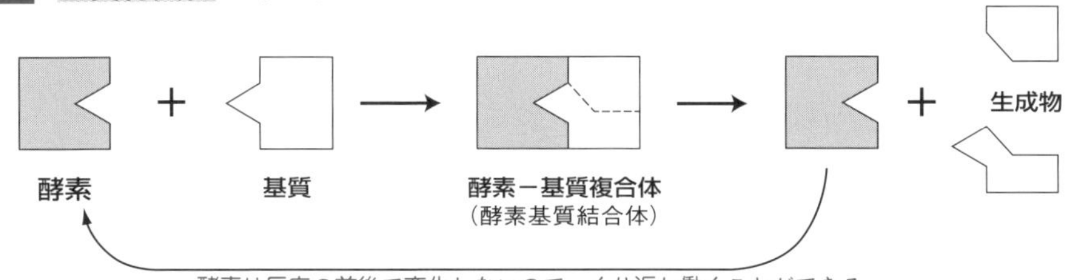

解説 酵素が作用する相手を**基質**といい，酵素の作用を受ける物質が酵素によって決まっていることを**基質特異性**という。たとえば，アミラーゼの基質はデンプン，ペプシンの基質はタンパク質で，**カタラーゼ**は過酸化水素(基質)を水と酸素に分解する。

補足 酵素には基質と結合する**活性部位**という部分がある。

3 酵素の主成分はタンパク質。

⇨ そのため，**高温では失活**し，**pHの影響を受ける**。

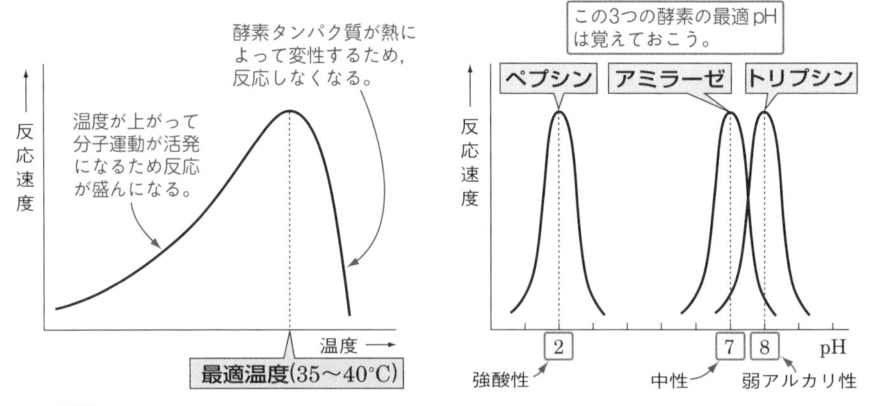

解説 タンパク質は高温になると立体構造が崩れ(これを**変性**という)，その結果，酵素の働きが失われてしまう(これを**失活**という)。そのため，酵素には最もよく働く温度(これを**最適温度**という)が存在する。多くの酵素の最適温度は35～40℃近辺にある。

補足 酵素には**最適pH**がある。だ液に含まれるアミラーゼの最適pHは**7（中性)**付近だが，胃液に含まれるペプシンのように強酸性(最適pH：2)でよく働く酵素や，腸の消化酵素トリプシンのように弱アルカリ性(最適pH：8)でよく働く酵素もある。

スピードチェック

□ 1 ATPは何という物質名の略称か答えよ。 ➡ 最重要 13

□ 2 ATPは1分子の中にリン酸を何個含むか。 ➡ 最重要 13

□ 3 ATPからリン酸を1個切り離した物質を何というか。 ➡ 最重要 13

□ 4 ATPは1分子の中に高エネルギーリン酸結合をいくつ含むか。 ➡ 最重要 13

□ 5 生体内で行われる化学反応全体を何というか。 ➡ 最重要 14

□ 6 異化と同化のうち，簡単な物質から複雑な物質を合成する反応はどちらか。 ➡ 最重要 14

□ 7 異化と同化のうち，エネルギーを生じる反応はどちらか。 ➡ 最重要 14

□ 8 ATPの合成を伴う生命現象を次の中からすべて選べ。 ➡ 最重要 14
① 消化　② 呼吸　③ 光合成　④ 体温の発生

□ 9 呼吸で酸素を用いて有機物を分解した反応で生じる物質を2つ答えよ。 ➡ 最重要 15

□10 光合成のように二酸化炭素を材料にしてエネルギーを使って炭水化物などの有機物を合成することを何というか。 ➡ 最重要 16

□11 光合成で生じる物質は有機物と何か。 ➡ 最重要 16

□12 酵素のように自分自身は変化せず他の物質の化学反応を促進させる物質を何というか。 ➡ 最重要 17

□13 酵素がその種類によって作用する物質が決まっている性質を何というか。 ➡ 最重要 17

解答

1 アデノシン三リン酸　2 3個　3 ADP（アデノシン二リン酸）　4 2つ
5 代謝　6 同化　7 異化　8 ②③④　9 二酸化炭素と水
10 炭酸同化　11 酸素　12 触媒　13 基質特異性

第1章　章末チェック問題

□ **1** 現在の地球上に見られるすべての生物に共通する特徴を４つ挙げよ。

➡ 最重要 1

□ **2** ウイルスが生物とは呼べない理由を３つ挙げよ。

➡ 最重要 2

□ **3** 原核生物と真核生物の違いを簡単に説明せよ。

➡ 最重要 4

□ **4** ミトコンドリアの構造について簡単に説明せよ。

➡ 最重要 8

□ **5** 葉緑体の構造について簡単に説明せよ。

➡ 最重要 9

□ **6** ATPの模式図を描き，次の用語にあたる部分をすべて示せ。
用語：アデニン　リボース　アデノシン　リン酸
高エネルギーリン酸結合

➡ 最重要 13

□ **7** 同化と異化の違いを簡単に説明せよ。

➡ 最重要 14

□ **8** 呼吸の反応を，次の用語をすべて用いて説明せよ。
用語：有機物　酸素　二酸化炭素　水　ATP　ADP

➡ 最重要 15

□ **9** 光合成の反応を，次の用語をすべて用いて説明せよ。
用語：光エネルギー　ATP　ADP　水　二酸化炭素　酸素
有機物

➡ 最重要 16

□ **10** 酵素の基質特異性について簡単に説明せよ。

➡ 最重要 17

解答

1 ① 構造上および機能上の基本単位として細胞でできている。
② 代謝を行い，エネルギーを出入りさせる。
③ 遺伝情報としてDNAを持ち，増殖することができる。
④ 刺激に対して反応し，恒常性を保つ。

2 ① 細胞構造を持たない。 ② 代謝を行わない。
③ 単独では増殖できない。

3 核を持たない原核細胞からなる生物が原核生物で，核を持つ真核細胞からなる生物が真核生物。

4 二重膜からなる粒状や細長い形状の細胞小器官で，内膜の内側の液状部分をマトリックスと呼ぶ。内膜はひだ状に内側に突出していて，この突出した部分はクリステと呼ばれる。

凸レンズ形でも可。

5 二重膜からなる紡錘形の細胞小器官で，内膜の内側の液状部分をストロマと呼ぶ。内部にはチラコイドと呼ばれる扁平な袋状の膜が多数重なって存在する。

6
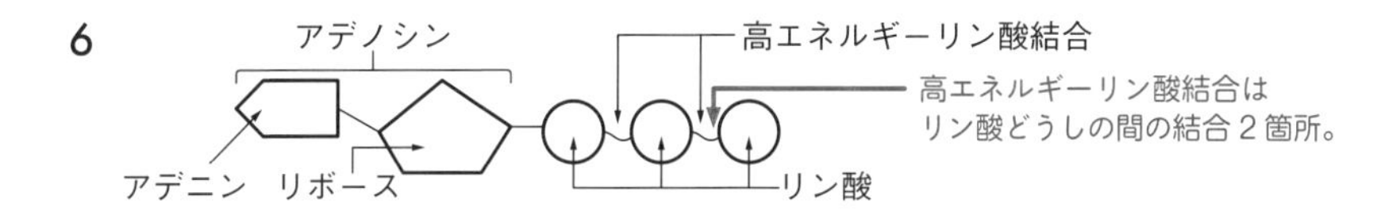

7 外界から取り入れた簡単な物質からからだを構成する複雑な物質を合成する反応が同化で，エネルギーを必要とする。複雑な物質を簡単な物質に分解する反応が異化で，エネルギーが生じる。

8 酸素を用いて有機物を二酸化炭素と水に分解し，放出されたエネルギーでADPからATPを合成する反応。

9 光エネルギーを用いてADPからATPを合成し，ATPの化学エネルギーを用いて二酸化炭素と水から有機物を合成し，酸素が生じる働き。

10 酵素の種類によってその作用を受ける物質が決まっていること。

4 DNAの構造

DNAについて次の5つのポイントをまず押さえよ！

デオキシリボ核酸の略。

1 **DNAの最小単位は ヌクレオチド** (糖＋塩基＋リン酸)である。

解説 DNAはヌクレオチドが多数鎖状に結合してできている。

2 **DNAのヌクレオチドに含まれる糖はデオキシリボース**。

3 DNAのヌクレオチドに含まれる塩基は次の4種類。

アデニン(A)，グアニン(G)，シトシン(C)，チミン(T)

4 **DNAは遺伝子の本体**——DNAの塩基の並び方(塩基配列)が遺伝情報となる。

5 **DNAの構造——2本のヌクレオチド鎖からなる 二重らせん構造**。

① 2本のヌクレオチド鎖どうしは **AとT**，**GとC** の組み合わせのみで**塩基どうしで対をなし**，結合することによってつながっている。

このような性質を相補性という。　水素結合という結合。

解説 DNAに含まれる**Aの数とTの数**および**Gの数とCの数は等しい**(シャルガフの規則という)事実から推測された。

② シャルガフの規則などから **ワトソン** と **クリック** がDNAの**二重らせん構造モデル**を提唱。

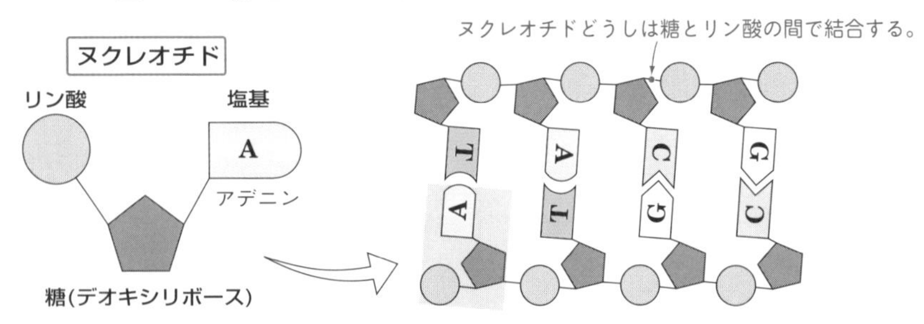

例題 **DNAを構成する塩基の比率**

(1) ある生物のDNAを構成するA，T，G，Cの数の割合を調べると，Aの割合が20％であった。T，G，Cの割合をそれぞれ求めよ。

(2) どの生物についても同じ値になる式を次からすべて選べ。

ア $\frac{G}{A}$　イ $\frac{G+C}{A+T}$　ウ $\frac{T+C}{A+G}$

解説 (1) AとTの数は等しいので，Aが20％であればTも20％。

残るGとCの合計が　$100-(20+20)=60$％

GとCの数も等しいので，ともに$\frac{60}{2}=30$％

(2) AとT，GとCの数が等しいので**ウ**は$\frac{A+G}{A+G}$と変形できる。

よってどの生物であっても1.0となる。**ア**は変形すると$\frac{0.5-A}{A}$，

イは$\frac{1-2A}{2A}$となり，生物によって異なる。

答 (1) **T…20％，G…30％，C…30％**　(2) **ウ**

★★★ 最重要 19

DNAとRNAの違いを次の表で覚えよう！

略号	DNA	RNA
正式名称	デオキシリボ核酸	リボ核酸
糖	デオキシリボース	リボース
塩基	A，G，C，T	A，G，C，U（ウラシル）
構造	二重らせん構造	1本鎖

補足 RNAには**mRNA**（伝令RNA），**tRNA**（転移RNA），**rRNA**（リボソームRNA）の3種類がある。いずれもDNAの塩基配列からつくられ，タンパク質合成の際に働く（⇨最重要28）。

最重要 20

DNAの長さを求める計算問題の解き方を，次の例題でマスターせよ！

例 題　DNAの分子量と長さ

多数結合して大きな分子を構成する分子１つ１つのこと。

分子量が3.0×10^9のDNA分子がある。このDNAを構成するヌクレオチド(残基)の平均分子量は3.0×10^2である。

各塩基対間の平均距離を3.4Åとすると，このDNAの長さは何mmか。ただし1Åは10^{-7}mmである。

オングストロームと読む。

解説　たくさん数字が出てきてややこしいときは，図解しながらメモを取ろう。

DNAは，ヌクレオチドが結合した2本の鎖からなるので，次のようにメモする。

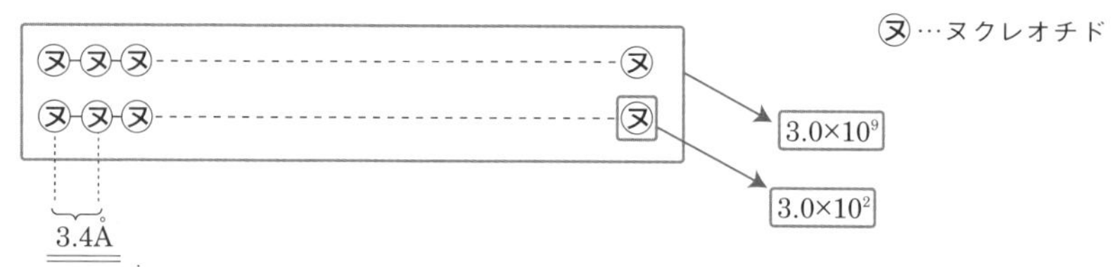

ヌクレオチドどうしが結合するときは，脱水して水が1分子とれるが，残基の分子量とは，脱水して結合した状態での分子量のことなので，与えられた数字からさらに水を引く必要はない。

分子量が3.0×10^2のヌクレオチドが多数結合して分子量3.0×10^9のDNAとなっているので，

$$\frac{3.0 \times 10^9}{3.0 \times 10^2} = 1.0 \times 10^7$$

これが，このDNA中のヌクレオチドの数。1つのヌクレオチドには1つの塩基が含まれており，塩基対間の距離が3.4Åなので，かけてやれば全体の長さになるが，DNAの長さとは下図のように，1本の鎖の長さなので，長さを求める場合は1本の鎖の中のヌクレオチドをもとにして計算する。よって，

$$1.0 \times 10^7 \div 2 \times 3.4 \times 10^{-7} = 1.7\,\text{mm}$$

となる。

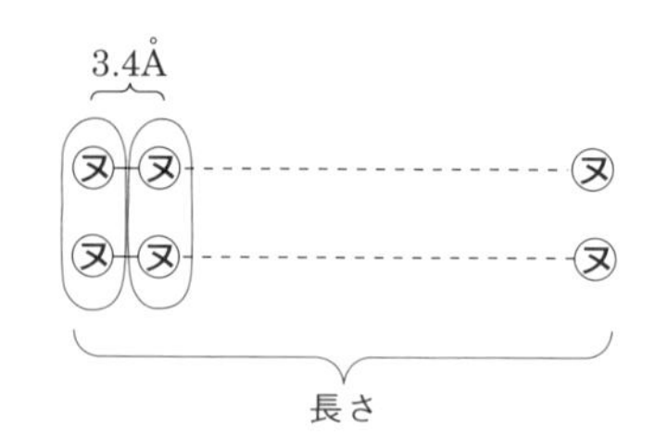

厳密には，塩基の数よりも間の数は1つ少ないので，

$$\{(1.0 \times 10^7 \div 2) - 1\} \times 3.4 \times 10^{-7}$$

となるが，四捨五入すれば同じ結果になる。有効数字から考えても－1は無視して構わない。

答　**1.7 mm**

★ 最重要 21

DNAの抽出実験について，おおよその手順と用いる薬品を覚えよう。

1 よく用いられる**材料**は，**ブロッコリー**，**ニワトリの肝臓**，**魚の精巣**。

2 **手順**は，**次のように抽出と析出(せきしゅつ)のために加えるものを押さえる！**

手順① 試料に**食塩水，中性洗剤**を加えてよくすりつぶす。

解説 DNAは食塩水によく溶ける。中性洗剤により細胞膜などを破壊する。

手順② ガーゼでろ過し，ろ液をビーカーにとる。

手順③ ろ液に，冷やしておいた エタノール を静かに注ぐ。

解説 DNAはエタノールに溶けないので，ろ液からDNAが析出する。

手順④ ろ液とエタノールの境界面に析出したDNAを取り出す。

3 加える薬品は，**中性洗剤・食塩水→エタノールの順。**

(DNA抽出は，**昼食を得た**！と覚えよう)

中性洗剤・食塩水 → 昼食　　得た ← エタノール

スピードチェック

□ 1 DNAは何という物質が鎖状に結合してできているか。 ➡ 最重要 18

□ 2 DNAを構成する 1 に含まれる糖を何というか。 ➡ 最重要 18

□ 3 二本鎖DNAに含まれる量が同じ塩基の組み合わせをアルファベットの略称で答えよ。 ➡ 最重要 18

□ 4 DNAの二重らせん構造を最初に示した科学者2名は誰と誰か。 ➡ 最重要 18

□ 5 DNAには含まれるがRNAには含まれない塩基は何か。 ➡ 最重要 19

□ 6 DNAの抽出実験でDNAを細胞から抽出するためにまず加えるもの2つとDNAを析出させるために加える物質を答えよ。 ➡ 最重要 21

解答

1ヌクレオチド　2デオキシリボース　3AとT，GとC　4ワトソンとクリック
5チミン(T)　6抽出…食塩水と中性洗剤　析出…エタノール

5 DNAの複製と細胞周期

最重要 22 ★★★

DNAの複製については，次の3点を覚えればOK！

1 細胞分裂の前には，もとのDNAと同じDNAをつくるDNAの**複製（DNA複製）**が行われる。

2 **DNAの複製の過程**は次の**3段階**。

① 2本鎖のDNAの塩基どうしの結合が切れて**1本鎖にほどける**。

② **ほどけた鎖をそれぞれ鋳型にして，相補的な塩基をもったヌクレオチド**が結合する。

AにはT，TにはA，GにはC，CにはGが対応。

③ ヌクレオチドどうしが結合して新しい鎖がつくられる。

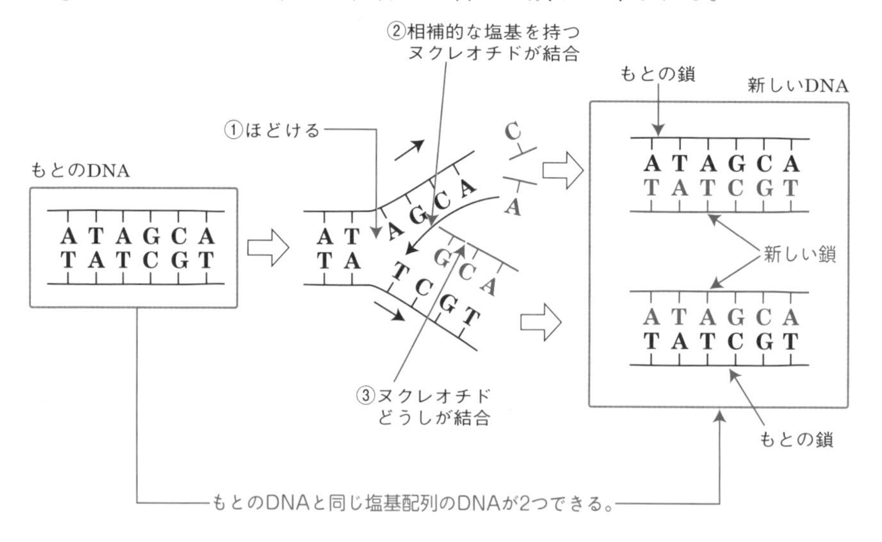

3 このように，生じた2本鎖DNAの**一方の鎖はもとのDNAのままで，もう一方の鎖のみ新しく合成されたものである**という複製のしかたを**半保存的複製**という。

DNAの**半保存的複製**を実験的に証明した**メセルソンとスタール**の実験について押さえる！

1 実験の手順と結果

① 大腸菌を ^{15}N を含む塩化アンモニウムの培地で何代も培養し，**大腸菌のDNAの塩基のNをすべて ^{15}N に置き換える**。

② この大腸菌を ^{14}N を含む塩化アンモニウムの培地に移す。

③ 一定時間後に大腸菌を取り出し，そのDNAを**密度勾配遠心法**によって分離する。

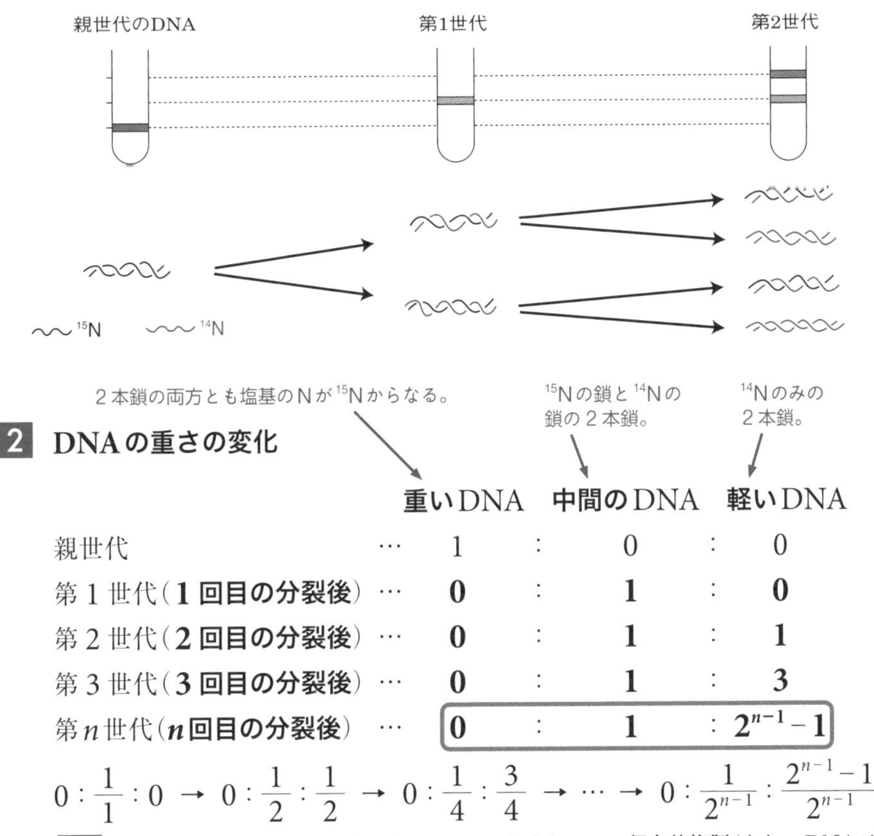

2 DNAの重さの変化

		重いDNA		**中間の**DNA		**軽い**DNA
親世代	…	1	:	0	:	0
第1世代（**1回目の分裂後**）	…	**0**	:	**1**	:	**0**
第2世代（**2回目の分裂後**）	…	**0**	:	**1**	:	**1**
第3世代（**3回目の分裂後**）	…	**0**	:	**1**	:	**3**
第 n 世代（**n 回目の分裂後**）	…	**0**	:	**1**	:	**$2^{n-1}-1$**

$$0:\frac{1}{1}:0 \rightarrow 0:\frac{1}{2}:\frac{1}{2} \rightarrow 0:\frac{1}{4}:\frac{3}{4} \rightarrow \cdots \rightarrow 0:\frac{1}{2^{n-1}}:\frac{2^{n-1}-1}{2^{n-1}}$$

解説 第1世代（1回目の分裂後）で重いDNAがなくなるので**保存的複製**（もとのDNAは変化せずに新しいDNA分子ができる）は否定される。また，第2世代以降も中間のDNAがなくならないので**分散的複製**（もとのDNAはばらばらになり新しいDNAが2つできる）も否定される。この実験結果によって**半保存的複製**が証明された。

染色体について次の3点を押さえよ！

1 染色体は，DNAと，ヒストンというタンパク質からなる。

補足 (1) 1本の染色体は2本鎖DNAを1本含んでいる。
(2) 大腸菌などの細菌（原核生物）では，DNAはヒストンと結合していない。

2 分裂期以外は細い糸状で核全体に分散しているが，分裂期には太いひも状になり，光学顕微鏡で観察できるようになる。

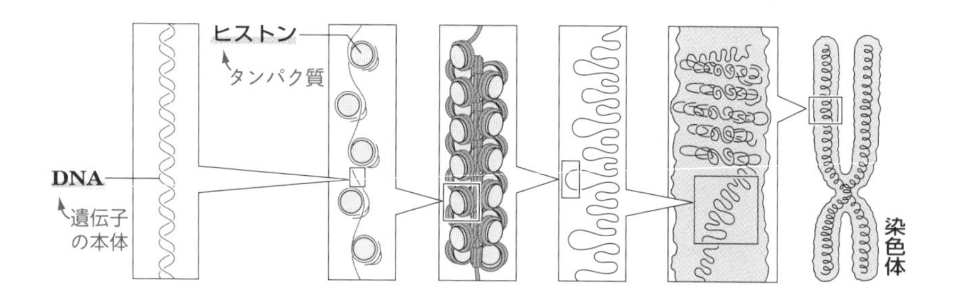

3 動物や植物の体細胞には相同染色体が2本ずつ含まれる。

同形同大の染色体で，片方は父方，もう一方は母方に由来する。

解説 ある細胞に含まれる相同染色体の種類をn種類とすると，動物や植物の体細胞はn種類の染色体を2本ずつ持つことになる。すなわち染色体数は$2n$〔本〕と示すことができる。精子や卵（これらをまとめて**配偶子**という）にはこのうちの1組だけが含まれるので，配偶子の染色体数はn本となる。**ヒトの染色体**数は$2n=46$，**キイロショウジョウバエ**は$2n=8$である。

この2種の染色体数は覚えておこう！

最重要 ★★★ 25

細胞周期について，次の4つのポイントを押さえよう！

1 **分裂が終わってから次の分裂が終わるまでを 細胞周期 といい，間期 と 分裂期（M期） からなる。**

解説 多数の細胞を増殖させ，細胞数が2倍になるのに要する時間から細胞周期の長さは測定される。

2 **間期は，G_1期（DNA合成準備期），S期（DNA合成期），G_2期（分裂準備期）の3段階からなる。**

補足 分裂期の後，通常の細胞周期から外れ，分裂を停止する細胞もあり，この時期を**G_0期**という。G_0期の細胞は，特定の形や働きを持つ細胞（**分化**した細胞）となる。神経細胞や筋細胞などに分化した細胞は細胞周期に戻らないが，肝臓の細胞のようにG_0期から再び細胞周期に戻り分裂を行うことができる細胞もある。

3 **分裂期は，前期，中期，後期，終期に分けられる。**

① **前期**で，**染色体は太いひも状になる**。核膜が消失する。

② **中期**で，**染色体が赤道面に並ぶ**。

③ **後期**で，**染色体が分離し両極に分配される**。

④ **終期**で，**染色体が再び細い糸状になり**分散する。**細胞質分裂**が行われる。

4 **分裂に伴うDNA量の変化のグラフは超重要！**

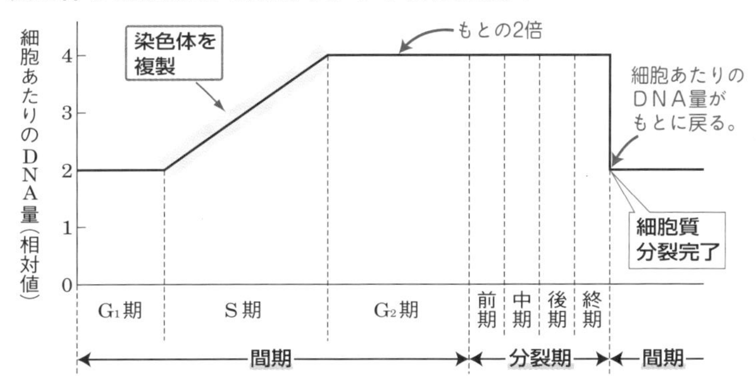

★★★ 最重要 26

細胞周期の計算のポイントは，たった１つだけ!!

1 各時期に要する**時間**は，その時期の**細胞数の割合に比例**する！

解説 細胞周期が20時間で，100個中80個の細胞が間期であれば，間期に要する時間は

20時間$\times\frac{80}{100}$＝16時間　と求めることができる。

2 細胞あたりDNA量と細胞数の関係のグラフもこのポイントで理解しておこう！

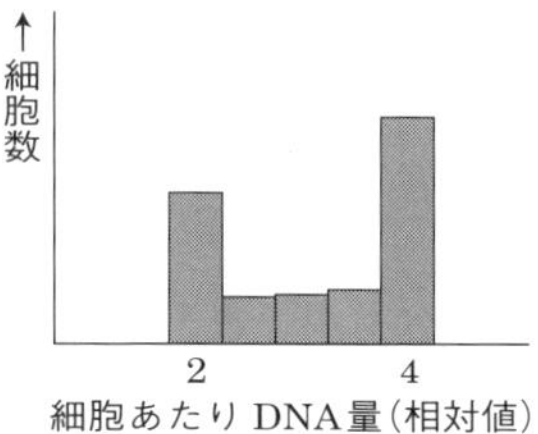

解説 最重要25－4のグラフにあるように，細胞あたりDNA量が相対値２の細胞はG_1期，細胞あたりDNA量が相対値４の細胞はG_2期とM期，相対値２と４の間の細胞はS期の細胞である。

例題　細胞周期の計算

ある植物の分裂中の体細胞集団を顕微鏡で観察したところ，５％の細胞が分裂期であった。次に，この体細胞集団から10000個の細胞を採取し，１細胞あたりのDNA相対量と細胞数の関係をグラフにしたところ，図のような結果が得られた。この細胞のG_1期，S期，G_2期，M期のそれぞれに要する時間を求めよ。ただし，この細胞集団のすべての細胞周期の長さを30時間とする。

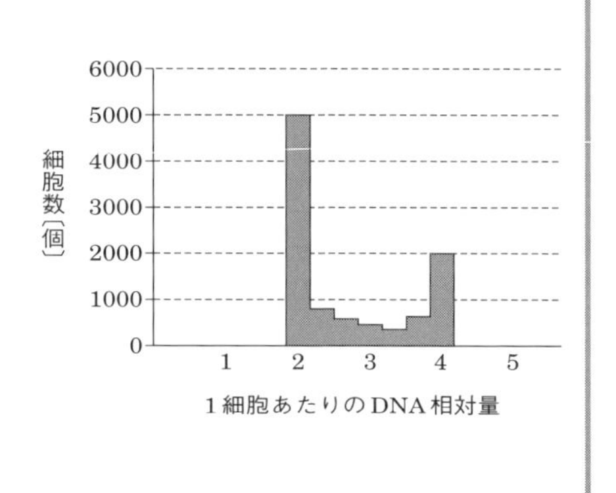

解説 細胞あたりDNA量が２（相対値）なのはG_1期の細胞で，10000個中5000個。『各時期に要する時間は，その時期の細胞数の割合に比例する！』ので，G_1期に要する時間は30時間$\times\frac{5000}{10000}$＝15時間

細胞あたりDNA量が４なのはG_2期の細胞とM期の細胞で10000個中2000個。

よってG_2期とM期に要する時間は　30時間$\times\frac{2000}{10000}$＝6時間　このうちM期（分裂期）の細胞は問題文より５％なので，M期に要する時間は　30時間×0.05＝1.5時間

よってG_2期に要する時間は　６時間－1.5時間＝4.5時間

S期に要する時間は　30時間－（15時間＋1.5時間＋4.5時間）＝9時間

答 **G_1期：15時間　S期：９時間　G_2期：4.5時間　M期：1.5時間**

★ 最重要 27

体細胞分裂の観察実験(押しつぶし法)の手順を覚えよう!

手順 1 タマネギの根の先端を**酢酸**につける(**固定**)。

解説 固定は,細胞を殺して化学反応を止め,生きていた状態に近いまま保存する操作。

手順 2 60℃の**希塩酸**に10秒浸す(**解離**)。

解説 解離は,細胞壁間の接着物質を分解し,細胞がバラバラになれるようにする操作。

手順 3 スライドガラスの上にとり,**酢酸オルセイン溶液**を加える(**染色**)。

解説 酢酸オルセイン溶液は染色体(DNA)を赤く染める染色液。酢酸カーミンでも同様。

手順 4 カバーガラスをかけ,ろ紙を置いて,その上から指で**押しつぶす**。

解説 細胞の重なりをなくして観察しやすくする。

この順番を覚えよ!

固定 → **解離** → **染色** → **押しつぶす**

スピードチェック

□ 1 DNAが複製される際にもとの2本鎖をそれぞれもとにして新しい2つの2本鎖ができる複製のしくみを何複製というか。 ➡ 最重要 22

□ 2 染色体を構成する物質を2つ答えよ。 ➡ 最重要 24

□ 3 細胞内に含まれる同形同大の染色体を何というか。 ➡ 最重要 24

□ 4 細胞分裂が終わってから次の分裂が終わるまでを何というか。 ➡ 最重要 25

□ 5 4のうち細胞分裂が起こっていない時期を何というか。また,その時期を3つの段階に分け,略称で時間順に答えよ。 ➡ 最重要 25

□ 6 細胞の観察で細胞を殺して化学反応を止め保存する操作を何というか。 ➡ 最重要 27

□ 7 細胞の観察で細胞どうしを解離するために加える物質を答えよ。 ➡ 最重要 27

解答

1 半保存的複製　2 DNA,タンパク質(ヒストン)　3 相同染色体
4 細胞周期　5 間期,G_1期→S期→G_2期　6 固定　7 希塩酸

6 タンパク質合成と遺伝子

★★★ 最重要 28

タンパク質合成の過程は**転写・翻訳**の**2段階**。

1 第1段階：転写 ——DNAの遺伝情報をRNAに写し取る過程。

解説 DNAの2本鎖の一部がほどけ，その一方のヌクレオチド鎖の塩基に，相補的な塩基を持つRNAのヌクレオチドが結合する。このときの塩基の対応は次の通り。

DNAの塩基	A	G	C	T
	↓	↓	↓	↓
RNAの塩基	U	C	G	A

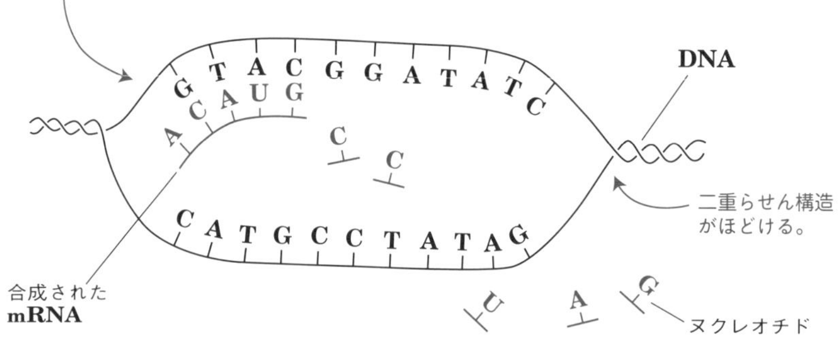

解説 アミノ酸配列の遺伝情報を持つRNAをmRNA（伝令RNA）という。

2 第2段階：翻訳 ——写し取った遺伝情報をアミノ酸配列に読み替える過程。

解説 mRNAの連続した3個の塩基配列（これを**コドン**という）が1つのアミノ酸を指定している。コドンに相補的な塩基（これを**アンチコドン**という）をもったtRNAが，特定のアミノ酸を運搬する。運ばれてきたアミノ酸どうしが結合してタンパク質が生じる。

解説 翻訳は**開始コドン**（AUG）から始まる。**終止コドン**（UAA，UAG，UGA）には対応するtRNAがなく，ここで翻訳が停止する。

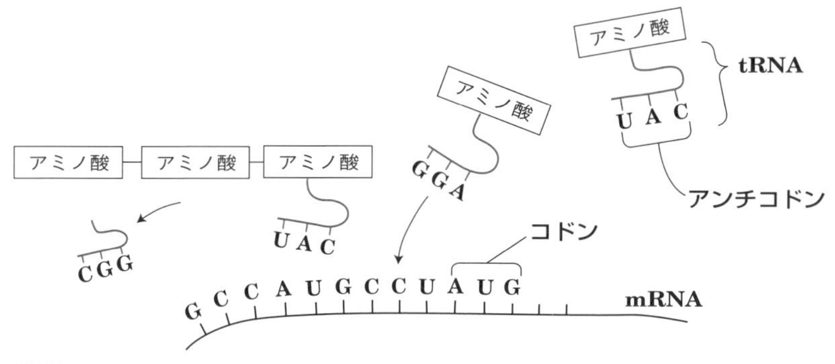

補足 アミノ酸どうしを結合する翻訳の反応はリボソームという構造体上で行われる。

3 タンパク質を構成するアミノ酸は **20種類**。

解説 RNAの塩基にはA，G，C，Uの4種類があるので，mRNAの塩基の1つでアミノ酸に対応すると4通り，塩基2つでアミノ酸に対応すると4×4＝16通りのアミノ酸にしか対応できない。3つの並びが1つのアミノ酸に対応すると4×4×4＝64通りとなり，20種類のアミノ酸に十分対応できる。

4 まとめると…

遺伝情報はDNA→RNA→タンパク質という一方向に伝えられるという原則があり，この考え方を **セントラルドグマ** という。

5 真核生物では転写されたRNAは一部が除去される。

解説 遺伝子となる塩基配列の中には，翻訳される部分(**エキソン**という)と，翻訳には使われない部分(**イントロン**という)がある。いったんエキソンの部分もイントロンの部分も転写されるが，核から細胞質に出る前にイントロンの部分は除去される。この過程を**スプライシング**という。

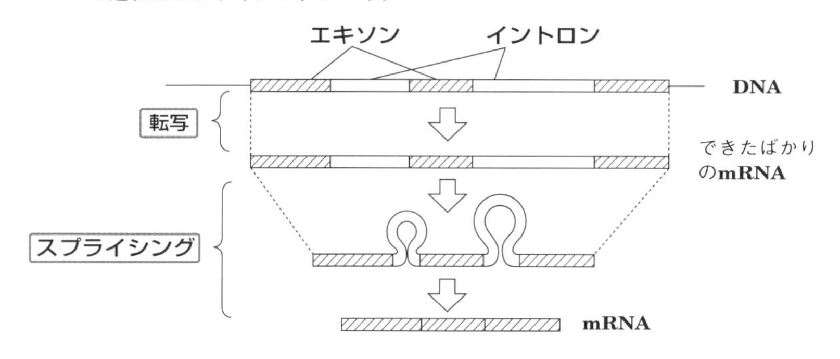

最重要 29

ゲノムについて次のポイントを覚えよう！

1 ゲノムとは？——**その生物が生命活動を営むのに必要な1組の遺伝情報**。

← このフレーズのまま覚えてしまおう！！

2 ふつうの動物や植物は **2組** のゲノムを持つ。

解説 精子や卵には1組のゲノムがあり，これらが受精によって合体するので，新個体の細胞（体細胞）には2組のゲノムが存在する。

3 ヒトのゲノムは，**約30億塩基対**からなり，**約2万個の遺伝子**が存在する。

← これらの数値は覚えておこう！

解説 30億塩基対のうち遺伝子としてタンパク質のアミノ酸配列を指定する領域（**遺伝子領域**）は約1.5％で，それ以外は**非遺伝子領域**である。

最重要 30

肺炎球菌を用いた形質転換の実験の内容とその結論が問われる！

1 **肺炎球菌**——**病原性のあるS型菌と非病原性のR型菌**がある。

（肺炎球菌：肺炎双球菌ともいう。　S型菌：さやがあり，体内でも増殖。　R型菌：さやがなく，体内では白血球の食作用で処理される。）

2 **グリフィスの実験**（1928年）

生きているR型菌＋死んだS型菌 —ネズミに注射→ ネズミは肺炎になり，体内には**S型菌が増殖**。

（R型菌から形質転換により生じた。）

➡ 細胞外の物質によって形質が変化した。この現象を**形質転換**という。

3 **アベリーの実験**（1944年）

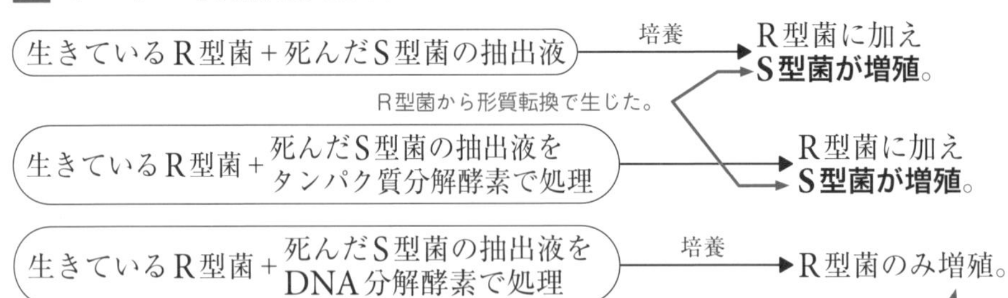

➡ **形質転換を引き起こす物質はDNA**だとわかった。

★ 最重要 31

バクテリオファージの増殖のしかたおよびそれを調べた実験の内容が問われる。

1 バクテリオファージ——大腸菌に感染する **ウイルス** の一種。

（バクテリオファージ：T_2ファージなどの種類がある。）

タンパク質からなる外殻の中にDNAを持つ。

2 バクテリオファージの増殖のしかた

① 大腸菌に吸着すると，**DNAのみを大腸菌内に注入する。**

② 注入されたDNAをもとに，大腸菌内のヌクレオチドやアミノ酸を用いて新しいファージのDNAやタンパク質がつくられ，子ファージが生じる。

③ 子ファージが生じると，大腸菌を破壊して大腸菌から出てくる。

3 ハーシーとチェイスの実験(1952年)

① 外殻のタンパク質にのみ印をつけたファージ(A)とDNAにのみ印をつけたファージ(B)をそれぞれ大腸菌に感染させる。

② 激しくかくはんして，外殻を大腸菌から取り外す。

③ **遠心分離**により**沈殿する大腸菌**と，**ファージ**の**外殻**を含む**上澄み**に分ける。

④ Aを用いた場合は上澄みから，Bを用いた場合は沈殿から印が検出される。

⑤ 感染により生じた子ファージの中にDNAにつけた印が検出される。

⇨ **ファージはDNAのみを大腸菌に注入**し，それをもとに新しいファージが増殖することがわかった。

➡ **遺伝子の本体はDNA**だと確認された！

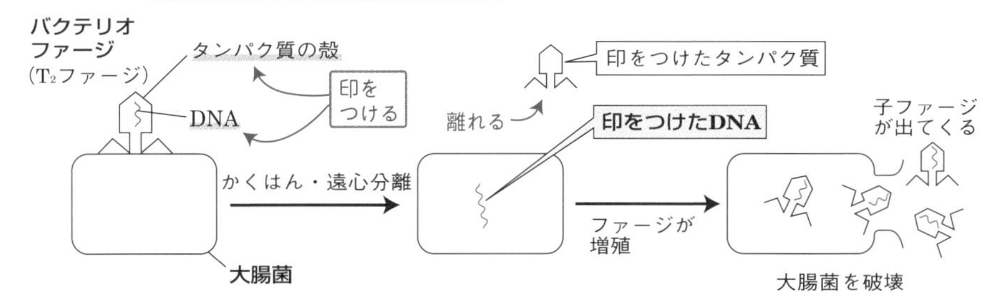

最重要 32 ★★

遺伝子の数を求める計算は，次の3点に注意しよう！

注意1 DNAの2本鎖のうち，**転写されるのは1本の鎖のみ**であること。

注意2 **3つの塩基（ヌクレオチド）で1つのアミノ酸に対応**すること。

注意3 **生じるタンパク質（ポリペプチド）の種類数＝遺伝子の数**と考えること。

例題　DNAの分子量と遺伝子数

分子量が3.6×10^9のDNA分子がある。1個のヌクレオチド（残基）の平均分子量は3.0×10^2，このDNAから生じるタンパク質の平均分子量は4.8×10^4，このタンパク質中のアミノ酸（残基）の平均分子量は1.2×10^2である。1つのタンパク質の合成に必要な遺伝暗号の並びを1つの遺伝子とし，このDNAの端から端までがタンパク質を指定する遺伝暗号であると仮定すると，このDNAは何個の遺伝子を持つか。有効数字2ケタで答えよ。

解説 与えられたデータを図解してみよう。

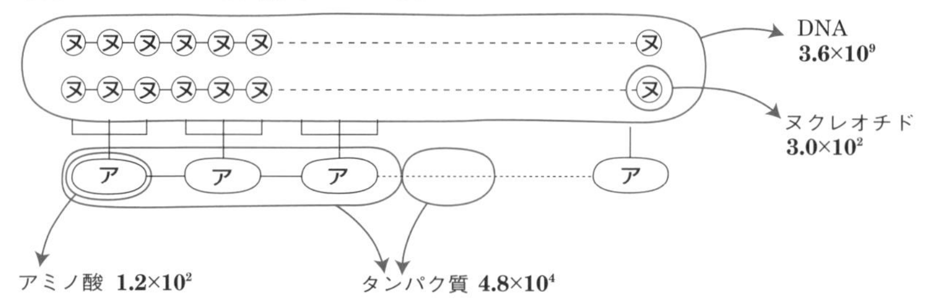

分子量3.0×10^2のヌクレオチドが集まって，分子量3.6×10^9のDNAになっているので，

$$\frac{3.6\times10^9}{3.0\times10^2}=1.2\times10^7$$

が，この**DNAに含まれるヌクレオチドの数**である。この2本鎖のうちの1本が鋳型となって転写される（**注意1**）ので，**転写されるヌクレオチドの数**は，

$$1.2\times10^7\div2=6.0\times10^6$$

ヌクレオチドが3つで1つのアミノ酸に対応する（**注意2**）ので，対応する**アミノ酸の総数**は，

$$6.0\times10^6\div3=2.0\times10^6$$

実際には終止コドンはアミノ酸に対応しないので，対応するアミノ酸は1個少ないが，有効数字から考えてここでは無視して大丈夫。

生じた**タンパク質に含まれるアミノ酸の数**は，

$$\frac{4.8\times10^4}{1.2\times10^2}=4.0\times10^2$$

すなわち，4.0×10^2個のアミノ酸が集まると，1つのタンパク質になるので，

$$\frac{2.0\times10^6}{4.0\times10^2}=5.0\times10^3$$

が，**生じるタンパク質の種類数**である。1つのタンパク質合成に1つの遺伝子が必要(**注意3**)なので，5.0×10^3個のタンパク質合成には，5.0×10^3個の遺伝子が必要である。

答 **5.0×10^3個**

スピードチェック

□ 1 核内のDNAの遺伝情報をRNAに写し取る過程を何というか。 ➡ 最重要 28

□ 2 mRNAの遺伝情報をアミノ酸配列に変換する過程を何というか。 ➡ 最重要 28

□ 3 遺伝情報はDNA→RNA→タンパク質という一方向に伝えられる。この原則および考えを何というか。 ➡ 最重要 28

□ 4 mRNAの3つ組塩基を何というか。 ➡ 最重要 28

□ 5 その生物が生命活動を営むのに必要な1組の遺伝情報を何というか。 ➡ 最重要 29

□ 6 ヒトが持つ遺伝子の数は約何個か。 ➡ 最重要 29

□ 7 細胞外の物質によって形質が変化する現象を何というか。 ➡ 最重要 30

解答

1転写　2翻訳　3セントラルドグマ　4コドン　5ゲノム　6約2万個　7形質転換

第2章　章末チェック問題

□ **1** DNAとRNAのヌクレオチドに含まれる糖と塩基の種類を挙げよ。 ➡ 最重要 19

□ **2** ヌクレオチド対間の距離がXnmのときY個のヌクレオチドからなるDNAの長さ〔mm〕を求める式を答えよ。 ➡ 最重要 20

□ **3** DNA抽出実験に用いる薬品とその順番を答えよ。 ➡ 最重要 21

□ **4** $^{15}N^{15}N$のDNAを持つ大腸菌を^{14}Nの培地に移して2回分裂させたとき生じたDNAの重さとその比率($^{15}N^{15}N$：$^{15}N^{14}N$：$^{14}N^{14}N$)を答えよ。 ➡ 最重要 23

□ **5** G_1期の細胞あたりのDNA量を1とすると，細胞あたりのDNA量が2であるのは細胞周期のうちの何期の細胞か。 ➡ 最重要 25

□ **6** 体細胞分裂の観察実験(押しつぶし法)について，染色と固定と解離の3つの操作を操作順に並べ，それぞれの目的を簡単に説明せよ。 ➡ 最重要 27

□ **7** 転写とはどのような過程か。簡単に説明せよ。 ➡ 最重要 28

□ **8** 翻訳とはどのような過程か。簡単に説明せよ。 ➡ 最重要 28

□ **9** ゲノムとは何か。簡単に説明せよ。 ➡ 最重要 29

解答

1 糖の種類…DNA；デオキシリボース，RNA；リボース
塩基の種類…DNA；アデニン(A)，チミン(T)，グアニン(G)，シトシン(C)
RNA；アデニン(A)，ウラシル(U)，グアニン(G)，シトシン(C)

2 $\frac{X \times Y}{2} \times 10^{-6}$ mm

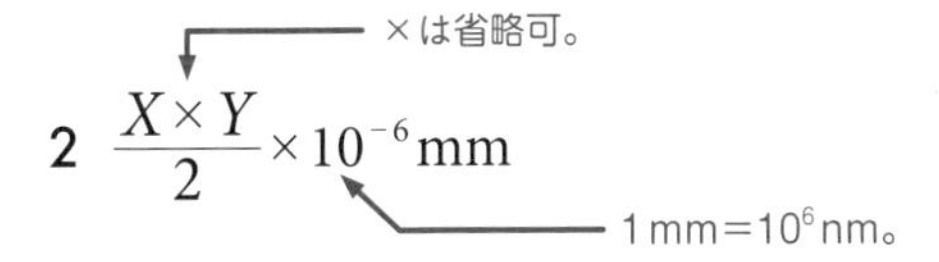

3 ① 食塩水と中性洗剤 → ② (冷やした)エタノール

4 $^{15}N^{15}N : {}^{15}N^{14}N : {}^{14}N^{14}N = 0 : 1 : 1$

親世代…1：0：0
1 回分裂後…0：1：0

5 G_2期とM期(分裂期)

6 ① 固定…細胞を殺して化学反応を止め，細胞が生きていたときの状態で保存する。
② 解離…この後の押しつぶしで細胞の重なりをなくせるよう細胞間の接着物質を分解する。
③ 染色…無色透明な染色体に色をつけて光学顕微鏡で観察できるようにする。

7 タンパク質合成においてDNAの遺伝情報をRNAに写し取る過程。

8 転写でRNA（mRNA）に写し取った遺伝情報をアミノ酸配列に読み替えてタンパク質を合成する過程。

9 その生物が生命活動を営むのに必要な1組の遺伝情報。

卵と精子はそれぞれ1組，
ふつうの動物などの体細胞は
2組のゲノムを持つ。

7 体液と循環

★★ 最重要 33 体液の 3 種類を次のようにまとめて覚えよう！

動物の体内で細胞間を満たす液体を **体液** といい，次の 3 種類に大別される。

1 **血液**——血管内を流れている体液。有形成分の**血球**（**赤血球・白血球・血小板**）と液体成分の**血しょう**からなる。

2 **組織液**——組織の間を満たし，直接細胞と接している体液。

解説 **血しょうの一部が毛細血管の壁からにじみ出たもの**で，再び毛細血管やリンパ管に入る。

3 **リンパ液**——**リンパ管**内を流れる体液。**リンパ球**と**リンパしょう**からなる。

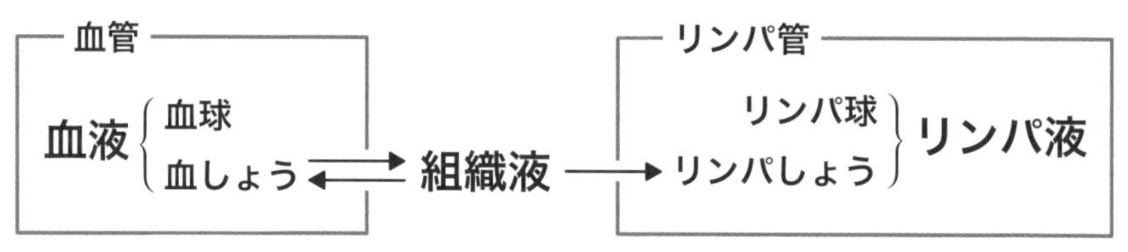

★★★ 最重要 34 体内環境と恒常性，この 2 つの用語を押さえよう！

1 からだの外部の環境（体外環境，外部環境）に対し，細胞を取り巻く環境すなわち**体液**を**体内環境**（**内部環境**）という。

この例が問われる！
「体温」，「塩分濃度」，「血糖濃度」などを答える!!!

2 体内環境が **一定範囲内に維持されている**状態を**恒常性**（**ホメオスタシス**）といい，**自律神経系**と**内分泌系**が関与する。

意識とは無関係に働く神経 → 自律神経系
ホルモンによるしくみ → 内分泌系

血液に関しては 次の表で整理しておこう。

資料によって数値は多少違うが，おおよその値は覚えておこう！

1 血球――骨髄でつくられる。

① 数，大きさ，働き

	核	数〔/mm^3〕	大きさ	働き
赤血球	無	450万～500万（一番数が多い。）	7～8μm	ヘモグロビンを含み酸素を運搬。
白血球	有	4000～9000	8～20μm	食作用による異物の処理や免疫に関与。
血小板	無	20万～40万	2～4μm	血液凝固に関与。

補足 **赤血球**は未熟な状態では核があるが，成熟する段階で核やミトコンドリアなどを捨ててしまう。そのため完成した赤血球には核がない。また**血小板**は，巨核芽球とよばれる細胞の細胞質の断片なので核がない。

② 白血球の種類――好中球，マクロファージ，樹状細胞，リンパ球など。

解説 白血球は毛細血管の血管壁を通って血管の外へ移動できる。**マクロファージ**(血管内では**単球**として存在する)や，**樹状細胞**，**好中球**には，盛んな**食作用**の働きがあり，体内に侵入した異物を取り込んで分解する。**リンパ球**には食作用はないが，免疫(⇨**第4章**)に関与する。

2 血しょう

含まれている成分	働き
水(**90%**)，タンパク質(**7%**) グルコース(**0.1%**)，脂肪，Na^+，Cl^-	栄養分・ホルモン・老廃物(尿素・二酸化炭素)の運搬，免疫反応の場，血液凝固に関与する物質を含む

この数値は特に重要！(⇨最重要49)

プロトロンビンやフィブリノーゲンなど

補足 血液の重量はヒトでは体重の約$\frac{1}{13}$に相当。**血しょう**は血液の約55%を占める淡黄色の液体である。

最重要 36

★★

ヘモグロビンの性質を理解し，酸素解離曲線を読めるようにしよう！

酸素ヘモグロビンが酸素を解離しやすくなる条件

① **酸素濃度が低い**

② **二酸化炭素濃度が高い**

③ **温度が高い**

④ **pHが低い**

CO_2濃度が高いと酸性に傾く。

活発に運動を行っている組織ではこのような条件になる。

例 題　酸素解離曲線と酸素の運搬

図は，ヒトの血液の酸素解離曲線が，酸素分圧と二酸化炭素分圧にどのように影響されるかを示したものである。

動脈血の酸素分圧を100 mmHg，二酸化炭素分圧を40 mmHg，静脈血の酸素分圧を20 mmHg，二酸化炭素分圧を70 mmHgとして次の問いに答えよ。解答はいずれも小数第1位まで答えよ。

(1) 組織を通過する間に酸素を解離したヘモグロビンは，動脈血によって運ばれた酸素ヘモグロビンの何％か。

(2) ヘモグロビンは血液100 mL中に約10 g存在し，1 gのヘモグロビンは1.5 mLの酸素と結合できるものとすると，組織で解離される酸素は血液100 mLあたり何mLか。

酸素ヘモグロビンの割合〔%〕

100 / 80 / 60 / 40 / 20 / 0

40　70

0　20　40　60　80　100

酸素分圧〔mmHg〕

(図中の曲線の左の数字は二酸化炭素分圧mmHgを示す)

解説 (1) 動脈血での酸素ヘモグロビンの割合はグラフより95％，同様に，静脈血での酸素ヘモグロビンの割合は20％。酸素を解離したヘモグロビンは，

$95-20=75\%$。

問いは動脈血の酸素ヘモグロビンに対する割合であるから，$\dfrac{75}{95}\times100\fallingdotseq78.9\%$

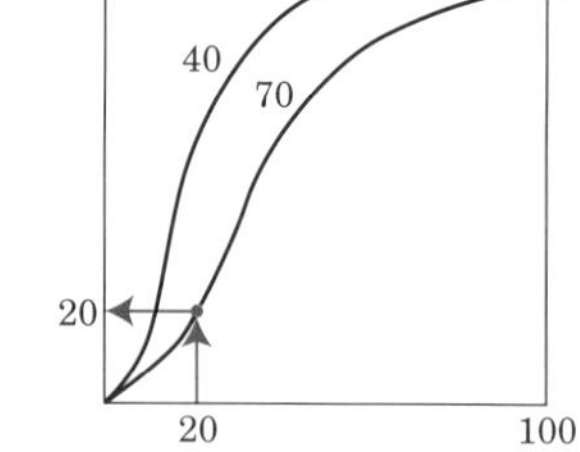

(2) 1 gのヘモグロビンが結合できる酸素が最大で（つまり100％の場合）1.5 mL。このうち組織で酸素を解離する酸素ヘモグロビンは(1)より75％。

よって，組織で解離される酸素は，$1.5\,\mathrm{mL/g}\times10\,\mathrm{g}\times0.75\fallingdotseq11.3\,\mathrm{mL}$

答 (1) **78.9％**　(2) **11.3 mL**

血液凝固のしくみは，次の図で理解しよう！

1 血液凝固のしくみ

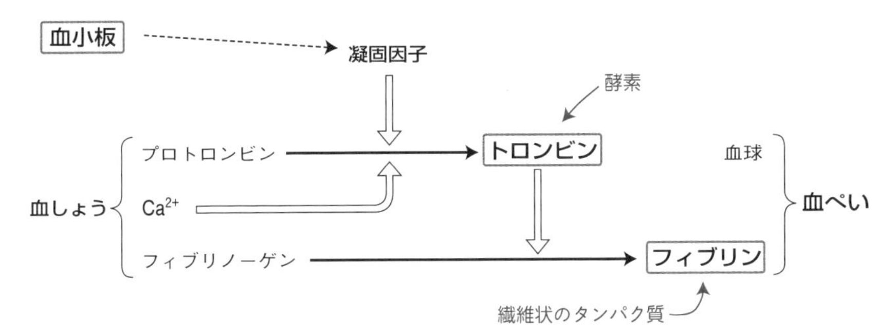

① 出血すると，まず血管の破れた部分に血小板が集まる。

② 血小板から放出された凝固因子と血しょう中の**カルシウムイオン**(Ca^{2+})の働きで**プロトロンビン**が **トロンビン** に変化する。

③ トロンビンは，**フィブリノーゲン**を **フィブリン** に変化させる。

④ 生じたフィブリンが血球にからみついて **血ぺい** が生じ，傷口をふさぐ。

⑤ 血管の修復が行われると，傷口をふさいでいた血ぺいは溶かされて取り除かれる。これを**線溶**(フィブリン溶解)という。

補足 血液を試験管にとって置いておくと，血餅と上澄みの**血清**とに分かれる。血清は，血しょうからフィブリノーゲンを除いたものにほぼ等しい。

血清＝血しょうではない。

2 血液凝固を防ぐ方法

① **クエン酸ナトリウム** **を加える** ⇨ 血しょう中のCa^{2+}が除かれる。（クエン酸カルシウムとなる。）

② **低温** **に保つ** ⇨ トロンビンなどの酵素作用が抑えられる。

③ **棒でかきまぜる** ⇨ 生じたフィブリンが棒にからみついて除かれる。

補足 これ以外にも，トロンビンの生成を抑えるヘパリンという物質を加える方法もある。ヘパリンは，肝臓でつくられる物質。

最重要 38

ヒトの循環系は，心臓の部屋と血管の種類からきちんと押さえておこう！

1 ヒトの心臓の構造とその周囲の血管

- 心**房**——血液が入ってくる部屋。
- 心**室**——血液が送り出される部屋。

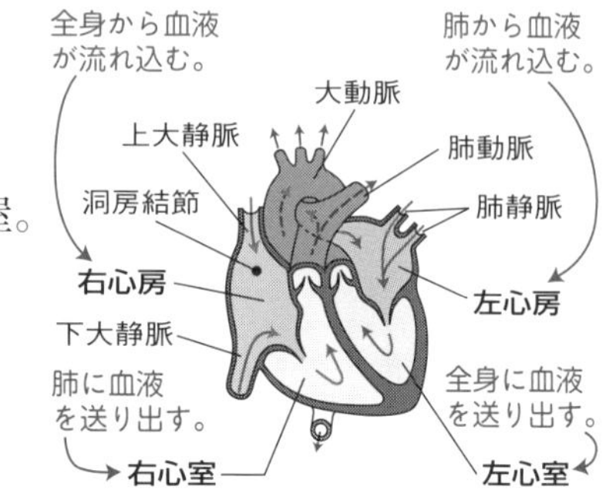

2 心臓の自動性——心臓をからだから切り離してもしばらく動き続ける。

⇨ 右心房にある**ペースメーカー**（**洞房結節**(とうぼうけっせつ)）が拍動リズムを心臓全体に伝える**刺激伝導系**があるため。

3 血液循環

- **動脈**——**心臓から**送り出された血液が流れる血管。
- **静脈**——**心臓へ**戻る血液が流れる血管。
- **毛細血管**——動脈と静脈をつなぐ細い血管。

補足 ある器官と他の器官をつなぐ血管を**門脈**という。小腸と肝臓を結ぶ門脈は特に**肝門脈**といい，中を流れる血液は小腸で吸収されたグルコースなどを多く含む。

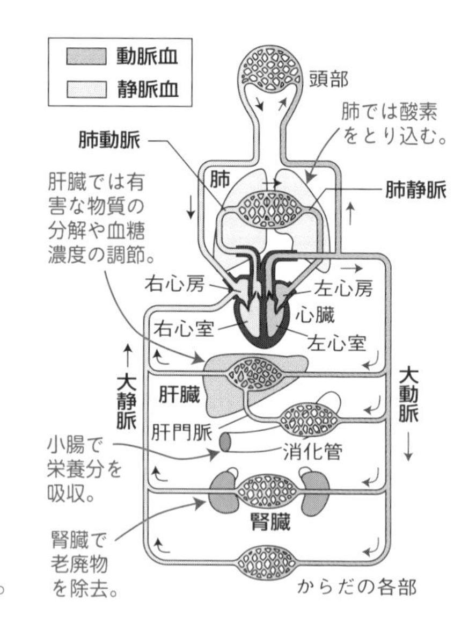

4 動脈血と静脈血

- **動脈血**——**O_2を多く含む**血液。（鮮紅色。）
- **静脈血**——**O_2が少ない**血液。（暗赤色。）

補足 **肺動脈**を流れる血液は**静脈血**，**肺静脈**を流れる血液は肺で酸素を受け取った直後の**動脈血**なので注意。肝門脈の中を流れる血液は静脈血である。

5 血管の構造

① 動脈や静脈は，内側から順に次の3層からできている。
内皮(上皮組織) ⇨ **筋肉層**(筋肉組織) ⇨ **結合組織**

② **動脈**では筋肉層が発達。**静脈**では逆流を防ぐための **弁** がある。

③ **毛細血管**は**1層の内皮のみ**からなり，血しょうの一部が組織液となる。
組織液の一部は血液に戻る。

最重要 39 肝臓については，次のポイントを押さえよう！

1 **人体最大の臓器**。肝臓の重さは体重の約 $\frac{1}{50}$ (1.2～1.5kg)。

2 肝臓の最小単位は **肝小葉**。 ← 1つの肝臓に約50万個ある。

補足 ヒトの肝小葉は直径1～2mmの多面体で断面が六角形をしているものが多い。1つの肝小葉は約50万個の肝細胞からなる。

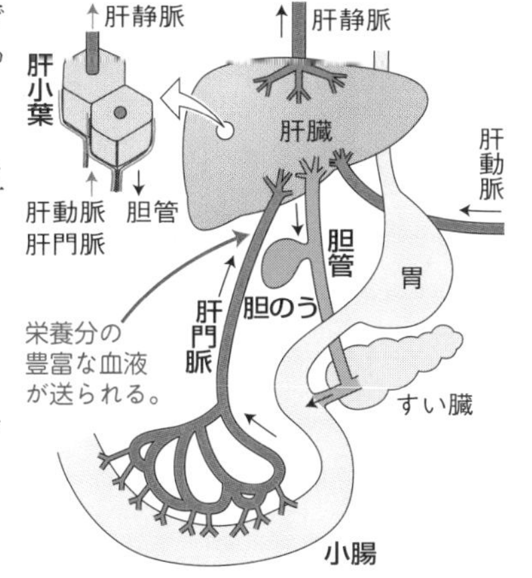

3 肝静脈，肝動脈，**肝門脈** の3つの血管とつながっている。
小腸から出て肝臓に入る。小腸で吸収した栄養分を肝臓に運ぶ。

4 主な働きベスト8

① **血糖濃度の調節**(グリコーゲンの合成・分解の場)⇨最重要49

② **血しょうタンパク質の合成**
アルブミンやフィブリノーゲンなど

③ **尿素** の生成(アンモニアNH_3と二酸化炭素からつくられる)

④ **解毒作用**(アルコールなどの有害な物質を無毒化)

⑤ 古くなった**赤血球の破壊** ← 肝臓以外にひ臓でも破壊される。

⑥ **胆汁** の生成

解説 胆汁は，脂肪を小さい粒状にする(乳化)作用がある。いったん**胆のう**に貯蔵され，十二指腸内に分泌される。

⑦ **体温の維持**
← さまざまな物質の代謝に伴って熱が発生する。
← 体内で2番目に発熱量が多い(1番は骨格筋)。

⑧ 循環する血液量を調節

腎臓での尿生成では，**ろ過されない物質**と**再吸収される物質**に注目しよう。

大きなものはろ過されない。

必要なものは再吸収される。

1 腎臓のつくり

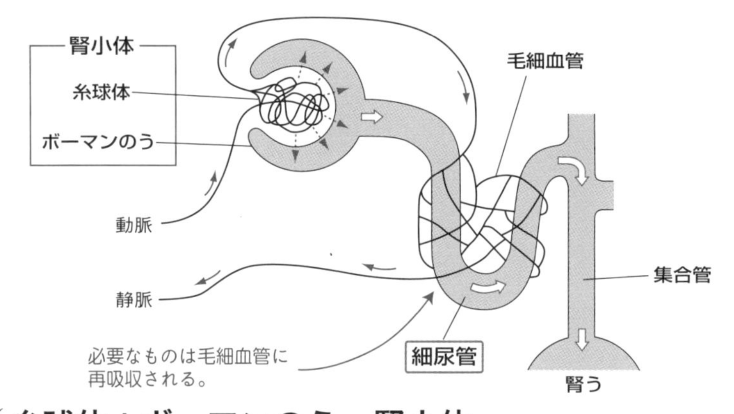

糸球体＋ボーマンのう＝腎小体 ← マルピーギ小体ともいう。

糸球体＋ボーマンのう＋細尿管＝腎単位(ネフロン)

細尿管：腎細管ともいう。

腎単位(ネフロン)：これが基本単位。片側の腎臓に約100万個存在。

2 尿の生成——血液から，次のようにしてつくられる。

① **ろ過**(**糸球体→ボーマンのう**)…**血球やタンパク質以外**がろ過され，**原尿**となる。

血球やタンパク質：糸球体の血管の壁を通れない大きなもの。

② **再吸収**(**細尿管→毛細血管**)…**グルコース(ブドウ糖)**，**アミノ酸**，**水**，**無機塩類**が再吸収される。

細尿管：水は集合管からも再吸収される。

グルコース(ブドウ糖)：正常であれば，100％再吸収される。

水：脳下垂体後葉から分泌されるバソプレシンによって調節。

無機塩類：副腎皮質から分泌される鉱質コルチコイドによって調節。

③ **尿の排出**…再吸収されなかった成分は腎うに集まって**尿**となり，**輸尿管**を通って**ぼうこう**にためられ，排出される。

最重要 41 ★★

腎臓に関する計算は，次の 3 つの式を使いこなせばOK!!

公式 1 溶液中の物質の量〔mg〕
=溶液の体積〔mL〕×その物質の濃度〔mg/mL〕

公式 2 濃縮率 $= \dfrac{\text{尿中での濃度〔mg/mL〕}}{\text{血しょう中での濃度〔mg/mL〕}}$

ろ過される物質であれば，原尿中での濃度もほぼ同じ。

公式 3 原尿量〔mL〕=尿量〔mL〕×再吸収されない物質の濃縮率

→ イヌリン

例題 腎臓での再吸収量の計算

右表はある人の血しょう中と原尿中および尿中での各物質の濃度を示したものである。また，イヌリンはろ過されるが再吸収されない物質である。

	血しょう〔mg/mL〕	原　尿〔mg/mL〕	尿〔mg/mL〕
尿素	0.3	0.3	20.0
イヌリン	0.1	0.1	12.0

この人が 1 時間で 50 mL の尿を生成したものとして，次の問いに答えよ。

(1) 1 日での原尿量は何 L か。

(2) 1 日で再吸収した尿素は何 g か。

解説 (1) イヌリンの濃縮率は公式 2 より $\dfrac{12.0\,\text{mg/mL}}{0.1\,\text{mg/mL}} = 120$〔倍〕

よって 1 時間での原尿量は公式 3 より $50\,\text{mL} \times 120 = 6000\,\text{mL} = 6\,\text{L}$

問われているのは 1 日なので $6\,\text{L} \times 24 = 144\,\text{L}$

(2) (i) 1 時間での原尿中の尿素の量は公式 1 より

$6000\,\text{mL} \times 0.3\,\text{mg/mL} = 1800\,\text{mg} = 1.8\,\text{g}$

(ii) 1 時間での尿中の尿素の量は公式 1 より

$50\,\text{mL} \times 20.0\,\text{mg/mL} = 1000\,\text{mg} = 1.0\,\text{g}$

(iii) (i)，(ii)より，1 時間で再吸収した尿素は $1.8 - 1.0 = 0.8$〔g〕

問われているのは 1 日なので $0.8\,\text{g/時} \times 24\,\text{時間/日} = 19.2\,\text{g/日}$

答 (1) **144 L**　(2) **19.2 g**

スピードチェック

- □ 1 動物の体内を満たし，細胞を取り巻く環境となる液体を何というか。 ➡ 最重要 33・34
- □ 2 血液の液体部分を何というか。 ➡ 最重要 33
- □ 3 体液には，血液のほかに何があるか。 ➡ 最重要 33
- □ 4 体内環境が一定範囲内に維持されている状態を何というか。 ➡ 最重要 34
- □ 5 赤血球，白血球，血小板の中で最も数が多いのはどれか。 ➡ 最重要 35
- □ 6 赤血球，白血球，血小板の中で核を持つ細胞はどれか。 ➡ 最重要 35
- □ 7 酸素ヘモグロビンが酸素を解離しやすくなるのは，二酸化炭素濃度が高いときか，低いときか。 ➡ 最重要 36
- □ 8 出血した際に，まず傷口に集まってくる血球は何か。 ➡ 最重要 37
- □ 9 血球と絡みついて血ぺいを生じるのに必要な繊維状タンパク質を何というか。 ➡ 最重要 37
- □10 心臓の自動性に関与する，右心房にあるペースメーカーを何というか。 ➡ 最重要 38
- □11 肝臓の構造における最小単位を何というか。 ➡ 最重要 39
- □12 腎臓の構造で，糸球体とボーマンのうと細尿管を合わせたものを何というか。 ➡ 最重要 40
- □13 腎臓において，グルコースが再吸収されるのはどこからか。 ➡ 最重要 40
- □14 尿量×再吸収されない物質の濃縮率　で求められるのは何の量か。 ➡ 最重要 41

解答

1 体液　2 血しょう　3 リンパ液，組織液　4 恒常性（ホメオスタシス）
5 赤血球　6 白血球　7 高いとき　8 血小板　9 フィブリン
10 洞房結節　11 肝小葉　12 ネフロン（腎単位）　13 細尿管　14 原尿量

8 神経系・内分泌系による調節

ヒトの神経系は次のように整理すればOK！

1 神経系は **ニューロン** という神経細胞からなる。

2 ヒトの神経系の構成

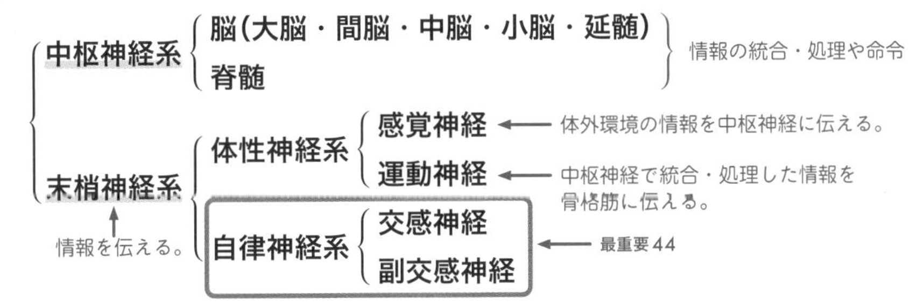

脳について次の4点を押さえよう！

1 各脳の主な働き

意識して行われる運動

大脳		感覚や随意運動，記憶，思考，感情などの中枢
間脳	視床	感覚神経の中継点
	視床下部	自律神経と内分泌の最高中枢
中脳		姿勢保持，瞳孔反射の中枢
小脳		平衡を保つ中枢，随意運動の調節
延髄		呼吸運動・心臓拍動・消化管の運動・消化液分泌の中枢

2 **間脳**と**中脳**と**延髄**をまとめて **脳幹** という。← 生命維持に特に重要な機能を持つ。

3 **植物状態** ＝**大脳の機能は停止し，脳幹の機能は維持されている**状態。

自力での呼吸や心臓の拍動は維持されている。

4 **脳死** ＝**脳幹を含めたすべての脳の機能が停止**。

人工呼吸器や人工心肺装置などの生命維持装置を用いなければ死亡する。

解説 自力の呼吸や心臓拍動が停止し，瞳孔が開いたままになる。

★★★ 最重要 44

交感神経と副交感神経の違いで重要なのは次の2つ。

1 働きの違い

交感——**緊張・闘争状態**をつくる。
副交感——**休息・食事の状態**をつくる。

解説 具体的には次のように働く。緊張状態，休息状態をイメージしながら見るとよい。

自律神経系	瞳孔	立毛筋	心臓（拍動）	気管支（呼吸運動）	皮膚血管	消化管（ぜん動運動）	排尿
交感神経	拡大	収縮	促進	拡張	収縮	抑制	抑制
副交感神経	縮小	分布せず	抑制	収縮	分布せず	促進	促進

要注意！（立毛筋・皮膚血管の「分布せず」）　顔が青ざめる。（皮膚血管の収縮）　反対に働く。（排尿）

2 中枢とのつながりの違い

交感——すべて**脊髄**から出ている。
副交感——**中脳・延髄・脊髄**から出ている。

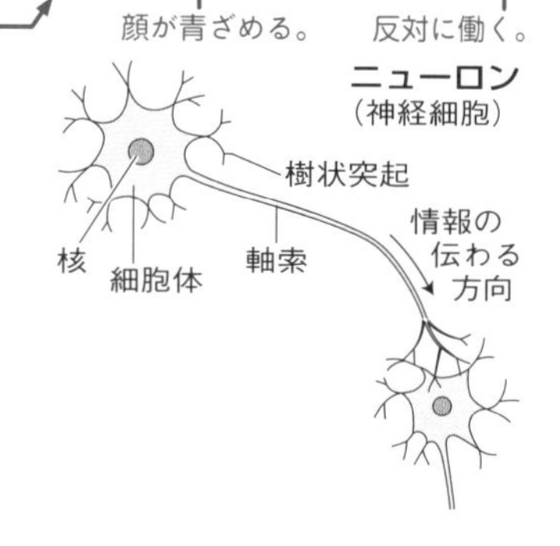

補足 神経細胞は**ニューロン**とよばれ，核を含む**細胞体**，長く伸びた突起である**軸索**，多数の短い突起である**樹状突起**からなる。

心臓の拍動の調節について次の2点を押さえよう！

1 心臓には**自動性**がある。

解説 心臓が自動的に拍動を続けているのは，心臓にある洞房結節とよばれる**ペースメーカー**の働きによる（⇨p.44）。ペースメーカーは，周期的に拍動の信号を発している。

2 拍動数は**交感**神経と**副交感**神経の**拮抗的**（きっこう）な働きにより調節される。

解説 血液中の二酸化炭素濃度が高くなると，交感神経によって心臓のペースメーカーが刺激されて拍動数が増加し，組織への酸素供給量が増加する。逆に血液中の二酸化炭素濃度が低くなると，副交感神経が心臓のペースメーカーを刺激して拍動数は減少する。

★★★ 最重要 46 ホルモンの特徴で問われるのは次の2点。これだけでOK！

1 特定の**分泌腺**でつくられ，**血液中**に分泌される。

（分泌腺：内分泌腺という。）（血液中に分泌：このような分泌を内分泌という。）

補足 汗腺や消化腺のような外分泌腺に見られる排出管が内分泌腺にはない。

2 血液によって全身に運ばれるが，特定の器官（**標的器官**）にだけ作用する。

（標的器官の細胞にのみ特定のホルモンと結合する**受容体**がある。）

★★★ 最重要 47 バソプレシンについて2つのポイントを押さえよう！

1 バソプレシンの作用：**腎臓の集合管**での**水**の**再吸収**を促進する。（最重要52）

➡ 排出される**尿量は減少し**，**尿の塩分濃度は高くなる**。

2 つくるのは**間脳視床下部**，分泌するのは**脳下垂体後葉**。

解説 ふつう，ホルモンは特定の内分泌腺でつくられ直接血液中に分泌されるが，バソプレシンは例外である。バソプレシンをつくる**神経分泌細胞**は**間脳視床下部**にあり，脳下垂体後葉までのびていて，バソプレシンは**脳下垂体後葉**で血液中に分泌される。

★★★ 最重要 48 甲状腺ホルモン（チロキシン）の分泌を例に，フィードバックのしくみを理解しよう。

間脳視床下部 —促進→ 脳下垂体前葉 —促進→ 甲状腺 —チロキシン→

（チロキシンが間脳視床下部・脳下垂体前葉を抑制）

〔フィードバック作用〕

補足 間脳視床下部から分泌される**甲状腺刺激ホルモン放出ホルモン**によって**脳下垂体前葉**からの**甲状腺刺激ホルモン**の分泌が促進され，甲状腺からチロキシンが分泌される。そして，チロキシンの濃度が高くなると，間脳視床下部や脳下垂体前葉の働きは抑制される（**フィードバック作用**）。このように，結果の変化が原因に対して逆の方向に作用するとき，**負のフィードバック**という（“減少させるから「負」”ではない）。

血糖濃度調節のしくみと，それに関与するホルモンは特に重要。完璧にマスターしよう。

1 血液中のグルコースの濃度（**血糖濃度**）は，自律神経とホルモンの働きによって，ほぼ **0.1 %** になるように調節されている。

← この数値は重要！（血液100 mL中にグルコースが100 mg）

2 高血糖の場合の調節――**インスリン**が関与。

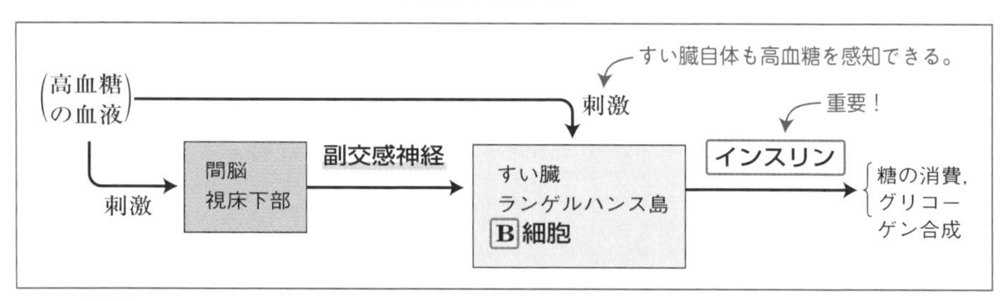

解説 高血糖の血液が間脳視床下部の血糖量調節中枢を刺激すると，その情報は副交感神経を通じて**すい臓**へ送られ，**ランゲルハンス島**の**B細胞**が**インスリンを分泌**する。インスリンは，組織の細胞への糖の取り込みを促し，細胞内での呼吸による糖の消費や，肝臓や筋肉でのグリコーゲンの合成を促進するので，血糖濃度が低下する。

← グルコース→グリコーゲン

3 **低血糖**の場合の調節――3種類のホルモン分泌のしくみの違いに注目。

← 直接，神経，刺激ホルモンの3通りがある。

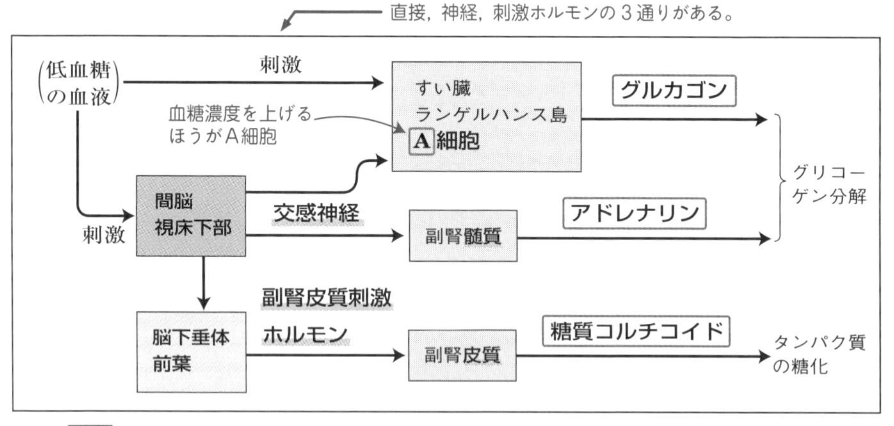

解説 低血糖の血液が間脳視床下部の血糖濃度調節中枢を刺激すると，副腎髄質からの**アドレナリン**の分泌とすい臓ランゲルハンス島の**A細胞**からの**グルカゴン**，副腎皮質の**糖質コルチコイド**分泌が促され，血糖濃度を上昇させる。

糖尿病の２タイプの違いを理解しよう！

1 **糖尿病**――慢性的に**血糖濃度が高い状態が続く病気**。

解説 健康な人ではすべて腎臓の毛細血管に再吸収され尿中に排出されないグルコースがこの病気では尿に排出されるようになるためこの名がつけられた。

2 **糖尿病の２タイプ**

最重要64

① **Ⅰ型糖尿病**：**自己免疫疾患**でランゲルハンス島B細胞が破壊され，**インスリン分泌が行われない**。➡ インスリンを投与すれば改善される。

② **Ⅱ型糖尿病**：Ⅰ型とは異なる理由でインスリン分泌の減少や**標的細胞の反応性低下**が起こる。➡ 反応性低下の場合はインスリンを投与しても改善されない。

補足 Ⅱ型糖尿病は食生活や運動不足などが原因で起こる**生活習慣病の一種**。

最重要 51

体温調節については，寒いときの調節のほうが圧倒的によく出題される。これも得点源にしよう。

●**寒いときの体温調節**――**放熱量減少**と**発熱量増大**で行う。

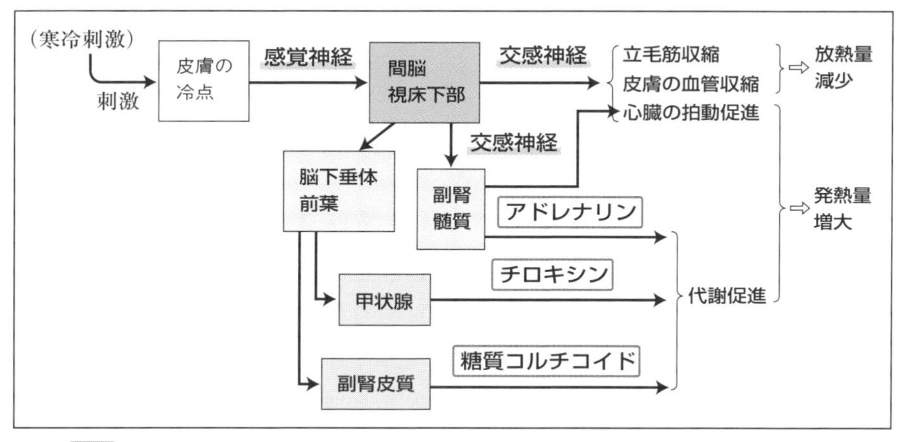

解説 皮膚の近くを流れる血液から熱は逃げてしまうので，交感神経によって血管を収縮させ血液量を減少させると放熱量が減少する。暑いときはこの逆で，立毛筋が弛緩し，血管が拡張し，汗が分泌されて放熱量が増大する。

副交感神経は分布していない。注意！

体液の**水分量，塩分濃度の調節**に関与するのは，**バソプレシン**と**鉱質コルチコイド！**

1 水分量の調節

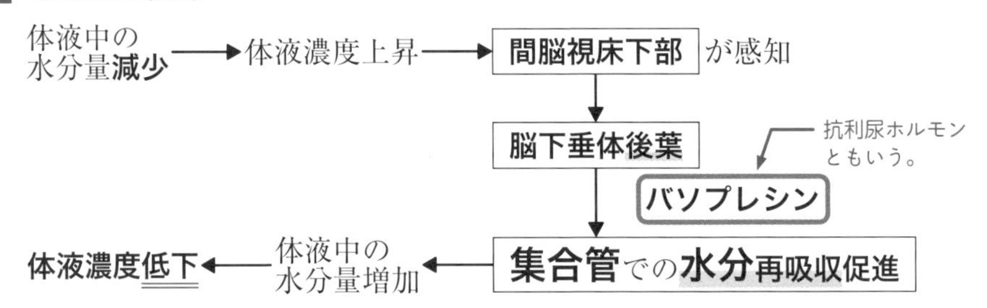

2 血液中の塩分濃度の調節

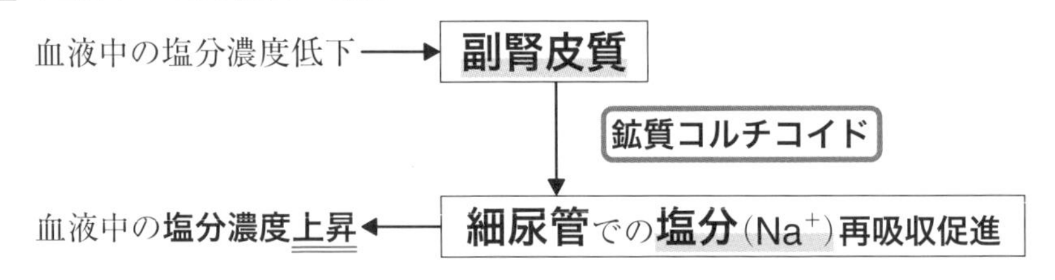

最重要 53

カルシウムイオンの**濃度調節**は，**パラトルモンだけ**で**OK!!**

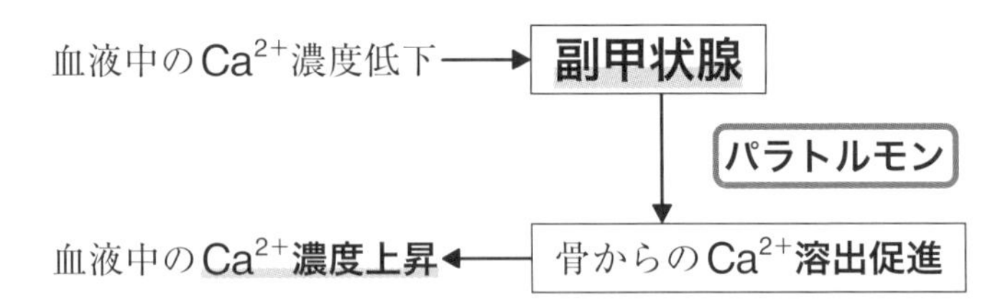

補足 カルシウムイオン濃度の調節には，**甲状腺**から分泌される**カルシトニン**というホルモンも関与する。カルシトニンはパラトルモンと拮抗的に，骨からのカルシウムイオンの溶出を抑制し，血液中のカルシウムイオン濃度を低下させる働きがある。

スピードチェック

□ 1 ヒトの神経系は中枢神経系と何神経系からなるか。 ➡ 最重要 42

□ 2 呼吸運動や心臓拍動の中枢として機能する脳は何か。 ➡ 最重要 43

□ 3 間脳と中脳と延髄をまとめて何というか。 ➡ 最重要 43

□ 4 消化管の運動を促進するのは交感神経か副交感神経か。 ➡ 最重要 44

□ 5 心臓が自律的に拍動を続ける性質を何というか。 ➡ 最重要 45

□ 6 ホルモンが作用する器官を何というか。 ➡ 最重要 46

□ 7 バソプレシンが作用すると，尿量は増加するか減少するか。 ➡ 最重要 47

□ 8 血液中のチロキシンが増加すると，脳下垂体前葉から分泌される甲状腺刺激ホルモンの分泌量は増加するか減少するか。 ➡ 最重要 48

□ 9 血糖濃度が高いときにすい臓から分泌されるホルモンは何か。 ➡ 最重要 49

□ 10 血糖濃度が低下したときに，交感神経の刺激で分泌が促進されるホルモンを2つ挙げよ。 ➡ 最重要 49

□ 11 自己免疫によりランゲルハンス島B細胞が破壊され，インスリンが分泌されないために起こる糖尿病はⅠ型かⅡ型か。 ➡ 最重要 50

□ 12 寒いときに交感神経の刺激により皮膚の血管は収縮するか弛緩するか。 ➡ 最重要 51

□ 13 腎臓の細尿管に作用してNa^+の再吸収を促進するホルモンは何か。 ➡ 最重要 52

□ 14 血液中のCa^{2+}濃度が低下したときに副甲状腺から分泌されるホルモンは何か。 ➡ 最重要 53

解答

1 末梢神経系　2 延髄　3 脳幹　4 副交感神経　5 自動性
6 標的器官　7 減少する　8 減少する　9 インスリン
10 グルカゴンとアドレナリン　11 Ⅰ型　12 収縮
13 鉱質コルチコイド　14 パラトルモン

第3章　章末チェック問題

□ **1** 動物の体液の3種類について名称を答え，それぞれどのようなものか，簡単に説明せよ。 ➡ 最重要 33

□ **2** 3種類の血球のそれぞれの名称と働きを簡単に説明せよ。 ➡ 最重要 35

□ **3** 酸素ヘモグロビンが酸素を解離しやすくなる条件を4つ挙げよ。 ➡ 最重要 36

□ **4** 血液凝固において，血ぺいが生じるまでの経路を，Ca^{2+}，プロトロンビン，フィブリノーゲンを用いて簡単に説明せよ。 ➡ 最重要 37

□ **5** 腎臓における尿の生成において，どのような物質がろ過され，どのような物質が再吸収されるかを簡単に説明せよ。 ➡ 最重要 40

□ **6** 瞳孔，心臓拍動，消化管運動の3つにおける交感神経の働きについてそれぞれ答えよ。 ➡ 最重要 44

□ **7** ホルモンの特徴を2点挙げよ。 ➡ 最重要 46

□ **8** バソプレシンがどこでつくられどこから分泌され，どこに作用し，どのような働きをするか答えよ。 ➡ 最重要 47

□ **9** 高血糖の場合の調節のしかたを簡単に説明せよ。 ➡ 最重要 49

□ **10** Ⅱ型糖尿病では，インスリンを投与しても糖尿病が改善されない。これはなぜか簡単に説明せよ。 ➡ 最重要 50

解答

1 ① 血液；血管内を流れている体液
② リンパ液；リンパ管の中を流れている体液
③ 組織液；毛細血管からにじみ出た血しょうの一部で，組織の間を満たし，直接細胞と接している体液

2 ① 赤血球；ヘモグロビンを含み，酸素を運搬する。
② 白血球；食作用による異物の処理や免疫に関与する。
③ 血小板；血液凝固に関与する。

3 ① 酸素濃度が低いとき　② 二酸化炭素濃度が高いとき　③ 温度が高いとき
④ pHが低いとき

二酸化炭素濃度が高くなるとpHの値は小さくなる。

4 傷口に血小板が集まる。血小板から放出された凝固因子と血しょう中の Ca^{2+} の働きでプロトロンビンがトロンビンに変化する。トロンビンはフィブリノーゲンをフィブリンに変化させる。フィブリンが血球と絡みついて血ぺいとなる。

繊維状のタンパク質

5 ろ過される物質…血球やタンパク質のような大きい物質以外の物質
再吸収される物質…水，グルコース，アミノ酸，無機塩類

6 瞳孔…拡大させる，心臓拍動…促進する，消化管運動…抑制する。

7 ① 特定の分泌腺(内分泌腺)でつくられ，血液中に分泌される。
② 血液によって全身に運ばれ，特定の器官(標的器官)にだけ作用する。

微量で作用する。

8 バソプレシンは間脳視床下部で生成され，脳下垂体後葉から分泌される。血液によって運ばれた後，腎臓の集合管に作用して，水の再吸収を促進する。

高血糖の血液の刺激も直接受ける。

9 高血糖の血液によって間脳視床下部が刺激されると，副交感神経によってすい臓ランゲルハンス島B細胞が刺激される。B細胞から分泌されたインスリンが細胞内への糖の吸収，細胞による糖の消費，肝臓や筋肉におけるグリコーゲンの合成を促し，血糖濃度を低下させる。

10 標的細胞のインスリンへの反応性が低下しているから。

9 生体防御のしくみ

最重要 ★★★ 54

生体防御は次の**3段階**で行われる。

（生体防御：異物の侵入を防いだり，侵入した異物を排除するしくみ。）

1 第1段階：**異物の侵入を防ぐ** **物理的** 防御・ **化学的** 防御

（異物：病原体や有害な物質など。非自己物質。）

2 第2段階：**自然免疫**

① **生まれつき備わり，過去の感染の有無に関係なく**働く **免疫**。（免疫：侵入した異物を認識して排除するしくみ。）

② 異物に共通する特徴を**幅広く認識**。

補足 第1段階の物理的・化学的防御も自然免疫に含めることもある。

3 第3段階：**獲得免疫**（適応免疫）

① リンパ球が**特異的に異物を認識**する。（特定の異物を迅速に排除する。）

② **免疫記憶**が形成される。（過去に侵入した異物には特に速く強く働く。）

最重要 ★★ 55

物理的・化学的防御について，次の**具体例**を覚えておこう。

1 物理的防御

① 粘膜が分泌する**粘液** ← 病原体が細胞に付着するのを防ぐ。

② **気管**の細胞の**繊毛運動** ← 異物を排出し肺への侵入を防ぐ。

③ 皮膚の**角質層** ← 死細胞からなり，ウイルスの感染を防ぐ。

2 化学的防御

① **皮膚**の表面を**弱酸性**に保つ分泌液 ← 病原体の繁殖を防ぐ。

② 汗・だ液・涙に含まれる**リゾチーム** ← 細菌の細胞壁を分解する。

③ 皮膚にある**ディフェンシン** ← 細菌の細胞膜を壊す。

④ 胃液に含まれる**胃酸** ← 強酸性で，殺菌作用がある。

最重要 56 自然免疫は次の 3 種類。

1 **食細胞**の**食作用**による病原体の排除

食細胞：好中球，マクロファージ，樹状細胞の 3 種類。

補足 食細胞にはToll**様受容体**(TLR)という**膜タンパク質**があり，これらにより細菌の細胞壁成分，ウイルスに特徴的な 2 本鎖RNA，細菌の鞭毛のタンパク質など，多くの病原体に共通する構造のパターンを認識して，細胞内に取り込み分解する。

2 **NK細胞**によるウイルス感染細胞やがん細胞の排除

NK細胞：ナチュラルキラー細胞。リンパ球の一種。

補足 NK細胞が行うのは食作用ではない！細胞を死滅させる。

3 **炎症**

解説 マクロファージの働きかけで，毛細血管が拡張して血流量が増え，患部の**温度が上昇する**。温度が上がると食細胞の食作用が高まる。また，**血管の透過性が高まり**，好中球や単球(⇨最重要35)が血管から出て感染部位に集まる。

最重要 57 獲得免疫(適応免疫)は次の 2 種類。

1 **体液性免疫**——**抗原**に対して**抗体**を産生して行われる免疫

抗原：抗体を産生する原因となる異物。
抗体：抗原に結合して排除に働く物質。

① 抗体は**免疫グロブリン**という**タンパク質**。

② 抗体を産生するのは，**B細胞**から分化した**形質細胞(抗体産生細胞)**。

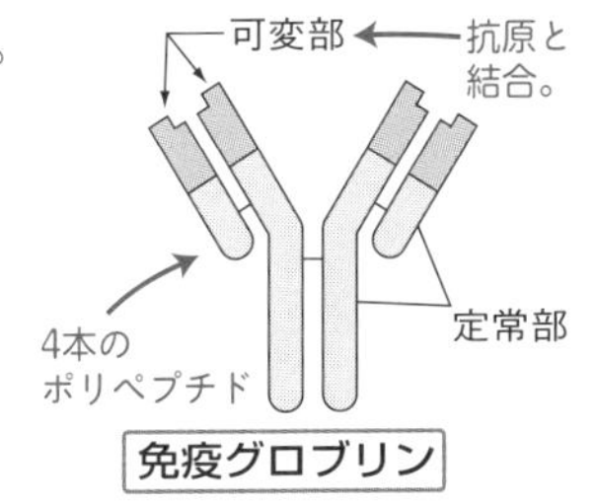

補足 免疫グロブリンの構造は右図の通り。共通テストでは出題されないが，二次試験では頻出。

2 **細胞性免疫**——抗体は産生せず，**キラーT細胞が非自己細胞を攻撃する**免疫。がん細胞やウイルス感染細胞の排除に働く。

攻撃する：細胞死させる物質を放出。

獲得免疫に関与する４種類の細胞を覚えよう！

1 **樹状細胞**——侵入した異物を食作用で取り込み分解し，ヘルパーT細胞やキラーT細胞に**抗原提示**する白血球の一種。自然免疫にも細胞性免疫にも体液性免疫にも関与する。

← 異物の分解産物の一部を抗原として細胞膜表面に提示する。

補足 抗原提示するときに用いる膜タンパク質はMHC分子（MHC抗原）という。

2 **B細胞**——**骨髄**（**B**one marrow）でつくられ分化するリンパ球の一種。ヘルパーT細胞により活性化されると**形質細胞**（**抗体産生細胞**）に分化し，抗体を産生する。

補足 B細胞にはBCR（B cell Receptor）という受容体がある。

3 **T細胞**——骨髄でつくられ，**胸腺**（**T**hymus）で分化するリンパ球の一種。主に次の２種類がある。

← B細胞と同じ。

① **ヘルパーT細胞**：**B細胞やキラーT細胞を活性化する**。
体液性免疫にも細胞性免疫にも関与する。

② **キラーT細胞**：ウイルス感染細胞やがん細胞，移植された非自己細胞などの**細胞を直接攻撃**する。細胞性免疫にのみ関与する。

補足 T細胞にはTCR（T cell Receptor）という受容体がある。

4 **マクロファージ**——盛んな食作用を持つ大型の白血球。自然免疫にも獲得免疫（細胞性免疫・体液性免疫）にも関与する。

体液性免疫のあらすじを押さえよう！

① **樹状細胞**が侵入した異物を取り込み，リンパ節に移動。
食作用

② **ヘルパーT細胞**に**抗原提示**。

③ **B細胞**も異物を取り込み，抗原提示する。

④ ヘルパーT細胞は同じ抗原を提示している**B細胞を活性化**。

⑤ 活性化されたB細胞は増殖し，さらに**形質細胞(抗体産生細胞)**に分化。
(増殖したB細胞の一部は**記憶細胞**として残る)

⑥ 形質細胞は**抗体を産生**し，体液中に放出。

⑦ 抗体が抗原と特異的に結合(**抗原抗体反応**)し，抗原を無毒化。

⑧ 抗体と結合した抗原は，マクロファージによって処理。

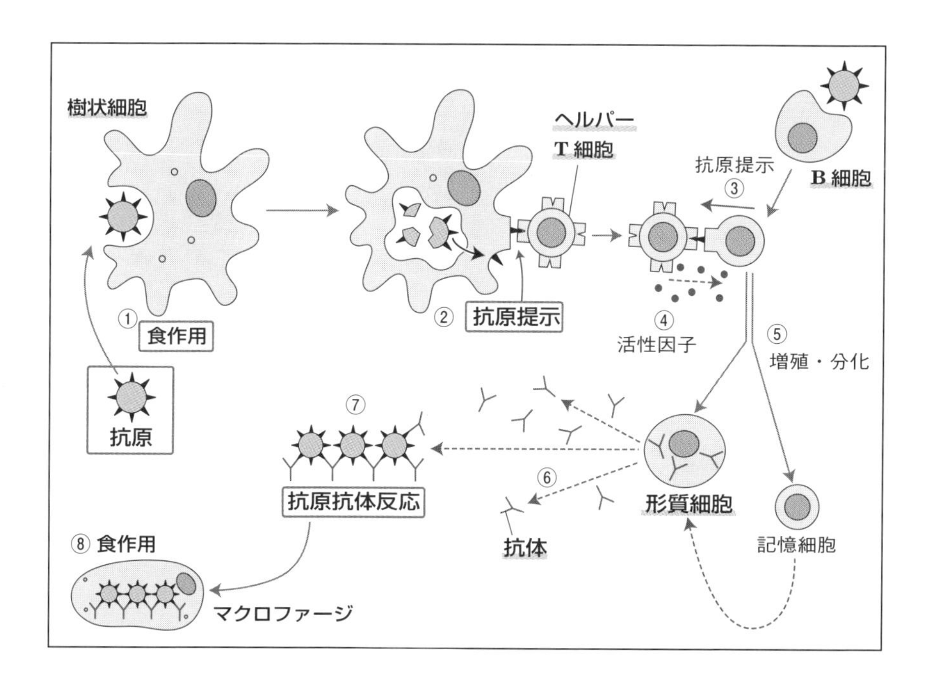

細胞性免疫のあらすじと例を押さえよう！

1 細胞性免疫のあらすじ

① **樹状細胞**が異物を取り込み，リンパ節に移動。

…………ここまでは体液性免疫と共通。

② **キラーT細胞やヘルパーT細胞に抗原提示**。

③ 抗原提示を受けたヘルパーT細胞は，増殖し，**キラーT細胞**を刺激，およびマクロファージの食作用を活性化。

④ 抗原刺激を受けたキラーT細胞は増殖し，さらに活性化する(増殖したヘルパーT細胞やキラーT細胞の一部は**記憶細胞**として残る)。

⑤ 活性化した**キラーT細胞**は，リンパ節から出て**ウイルスに感染した細胞**や**がん細胞**，**移植臓器**などを**直接攻撃**し，破壊する。

抗体(免疫グロブリン)が**関与しない**！

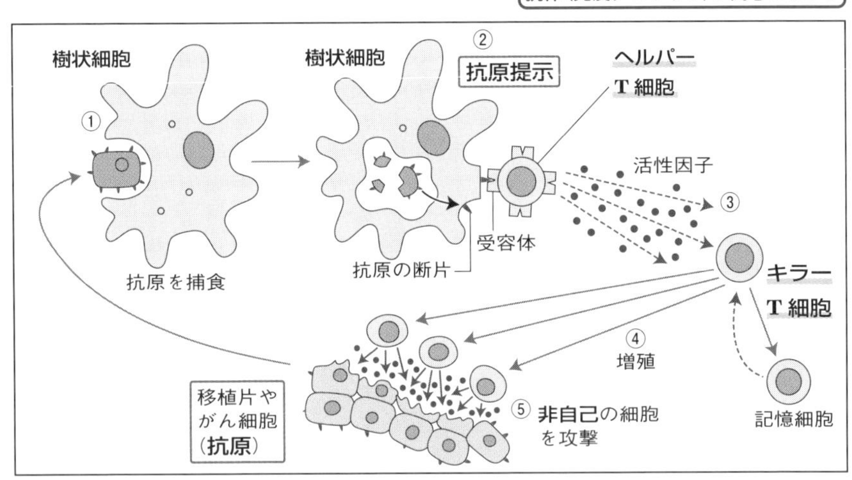

2 細胞性免疫の例

① **ウイルスに感染した細胞**や**がん細胞**に対する免疫

② 移植臓器に対する **拒絶反応** ← 細胞膜上の抗原から**非自己**と認識された細胞を攻撃する。

③ **ツベルクリン反応**

解説 ツベルクリン反応は結核菌に対する細胞性免疫で，精製した結核菌の抗原(ツベルクリン)を接種し，硬くふくれたり発赤(ほっせき)したりすれば(陽性)，免疫記憶があるとわかる。

最重要 61 免疫記憶に関するグラフも超重要！

1 同じ種類の抗原に対しては2回目以降の反応**(二次応答)のほうが1回目の反応(一次応答)よりも素早く，強く反応**。

⇨ 1回目の抗原侵入のときに増殖したB細胞やT細胞の一部が**記憶細胞**として残っているから。

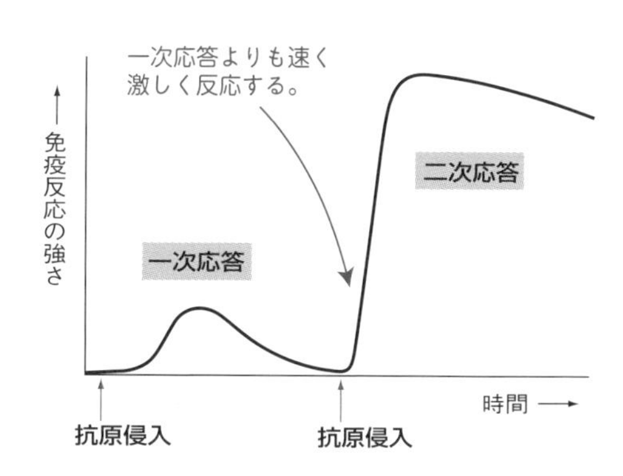

2 免疫記憶は，体液性免疫にも細胞性免疫にも見られる現象。

解説 グラフは抗体の産生量の変化を扱ったものが主だが，臓器や皮膚などの移植に対する拒絶反応などでも同様。

発展 3 二次試験では遺伝子再編成もよく問われる！

免疫グロブリン(⇨p.59)の長いポリペプチドと短いポリペプチド

1 **抗体**のH鎖とL鎖の可変部を支配する**遺伝子**はそれぞれ3つと2つの領域に分かれており，各領域に多くの種類の遺伝子断片がある。

解説 H鎖の可変部の遺伝子はV，D，Jの3つの領域からなり，それぞれに40個，25個，6個の遺伝子断片がある。L鎖の可変部の遺伝子はV，Jの2つの領域からなり，それぞれに40個，5個の遺伝子断片がある。

2 B細胞が成熟する過程でそれぞれの領域において遺伝子断片の1つずつが選ばれて，その細胞がつくる抗体の遺伝子が決まる。
これを**遺伝子再編成**という。

3 これにより膨大な種類の抗体を産生することができる。

解説 可変部の遺伝子の組み合わせは40×25×6×40×5＝1200000種類となる。

補足 このしくみを解明したのは**利根川進**(1987年ノーベル生理学・医学賞を受賞)。

スピードチェック

□ 1 過去の感染の有無に関係なく侵入した異物を排除する生体防御のしくみを何というか。 ➡ 最重要 54

□ 2 汗，だ液，涙に含まれる，細菌の細胞壁を分解する物質は何か。 ➡ 最重要 55

□ 3 自然免疫において，ウイルス感染細胞やがん細胞を排除する細胞を何というか。 ➡ 最重要 56

□ 4 感染部位において，血流量が増えたり血管から白血球や血しょうが多く出るようになって異物の排除に働く，発熱を伴う現象を何というか。 ➡ 最重要 56

□ 5 抗体は，何というタンパク質か。 ➡ 最重要 57

□ 6 抗体の産生を伴う獲得(適応)免疫を何というか。 ➡ 最重要 57・59

□ 7 形質細胞(抗体産生細胞)に分化し，抗体をつくる細胞を答えよ。 ➡ 最重要 57・59

□ 8 抗体の産生を伴わず，リンパ球が直接非自己細胞を攻撃する獲得免疫(適応免疫)を何というか。 ➡ 最重要 57・60

□ 9 獲得免疫で，まず異物を取り込み，ヘルパーT細胞やキラーT細胞に情報を伝える細胞を答えよ。 ➡ 最重要 58～60

□ 10 食細胞が取り込んだ異物の一部を細胞表面に出して，侵入した異物の情報をリンパ球に伝える働きを何というか。 ➡ 最重要 58～60

□ 11 T細胞はもととなる細胞から何という器官の中で分化するか。 ➡ 最重要 58

□ 12 6にも8にも関与する細胞を次の中から3つ選べ。 ➡ 最重要 59・60

① NK細胞　② 好中球　③ キラーT細胞
④ ヘルパーT細胞　⑤ 樹状細胞
⑥ マクロファージ　⑦ B細胞

解答

1 自然免疫　2 リゾチーム　3 NK細胞(ナチュラルキラー細胞)
4 炎症　5 免疫グロブリン　6 体液性免疫　7 B細胞　8 細胞性免疫
9 樹状細胞　10 抗原提示　11 胸腺　12 ④，⑤，⑥

10 免疫と医療

最重要 62 ★★ 次の 3 つの免疫の医療への応用を押さえよう！。

1 **予防接種**——あらかじめ抗原を体内に入れて**免疫記憶を形成させる**ことで，病気を**予防**すること。接種する物質を **ワクチン** という。

例 インフルエンザワクチン，BCG（結核のワクチン）

解説 ワクチンには弱毒化あるいは不活性化したウイルスや細菌，ウイルスの核酸の一部などが用いられる。

体内で翻訳され抗原としてウイルスの表面のタンパク質だけがつくられる。

2 **血清療法**——他の動物につくらせた**抗体を含む血清**を注射して**治療**を行うこと。 例 ヘビ毒の治療，破傷風の治療

血しょうから凝固物質を除いたもの。

3 **免疫療法**——リンパ球ががん細胞を攻撃する働きを人為的に強めることでがんを治療すること。

解説 がん細胞は**NK細胞**や**キラーT細胞**によって排除される。

最重要 63 ★★ 臓器や皮膚の移植について 次の 3 つのポイントを押さえよう！

ポイント 1 他人の皮膚や臓器を移植すると，これを**非自己**と認識し，主に**キラーT細胞**が攻撃する **拒絶反応** によって排除される。

解説 自己の細胞であることを示すのは**MHC分子**（抗原）で，ヒトの場合は**HLA**という。

補足 移植医療では患者の親族などHLAの一致した臓器を移植に用いたり，免疫抑制剤を用いるなどして拒絶反応を抑える。

ポイント 2 1回目の移植よりも **2回目の移植のほうが早く**拒絶反応が起こる。➡ 1回目の移植で生じた**記憶細胞**が残っているから。

ポイント 3 **生後間もない時期（＝免疫系が未成熟な時期）に移植されたもの**に対しては拒絶反応が起こらなくなる（ **免疫寛容** が成立）。

免疫に関する次の3つの現象・疾患について覚えておこう！

1 アレルギー

アレルギー――免疫反応が過敏になることで生じる，生体に不都合な反応。

① **アレルギーを引き起こす抗原**を特に**アレルゲン**という。

② 食物，ハチ毒，薬などが原因で起こる急性アレルギー反応を**アナフィラキシー**といい，呼吸困難，血圧低下など生命に関わる重篤な全身症状を**アナフィラキシーショック**という。

③ アレルギーには次の2種類がある。

	即時型アレルギー	遅延型アレルギー
発症までの期間	直ちに症状が現れる。	1～2日後に症状が現れる。
免疫の種類	体液性免疫による	細胞性免疫による
例	花粉や食物によるアレルギー アナフィラキシー	漆(うるし)や金属などのアレルギー ツベルクリン反応

2 自己免疫疾患

自己免疫疾患――免疫系が自己の細胞や成分を攻撃してしまう疾患。

例 Ⅰ型糖尿病(⇨最重要50)，関節リウマチ，バセドウ病

解説 通常は，体内の自己物質を攻撃する反応は抑制されており，このような状態を**免疫寛容**という。免疫系が未熟な時期に体内に存在した物質に対しては，反応するT細胞やB細胞が不活性化，除去されるため免疫寛容が成立する。しかし，免疫寛容が何らかの原因で機能せず，自己を攻撃してしまうのが自己免疫疾患であると考えられている。

3 エイズ

エイズ(AIDS，**後天性免疫不全症候群**)は，**ヒト免疫不全ウイルス(HIV)**が原因で起こる。

HIVが**ヘルパーT細胞**に感染 ⇨ 獲得免疫の機能が低下

⇨ **日和見(ひよりみ)感染**を起こす。

解説 **日和見感染**は，免疫機能の低下により，健康な人では発病しない病原性の低い病原体にも感染してしまうこと。

★ 

ABO式血液型は，抗原に相当する凝集原と抗体に相当する凝集素の組み合わせで分類する。

凝集原Aと凝集素α，**凝集原Bと凝集素β**が共存すると**凝集反応**が起こる。

抗原抗体反応で赤血球どうしがくっつく。

赤血球にある凝集原の種類が血液型の名称になる。

	存在する場所	A型	B型	AB型	O型
凝集原	**赤血球表面**	**A**	**B**	**AとB**	**なし**
凝集素	血しょう（血清）	β	α	なし	αとβ

解説 抗原に相当する凝集原A，Bと，抗体に相当する凝集素α，βの組み合わせによって分類する。赤血球の表面に存在する**凝集原の種類が血液型の名称になっている**。凝集原AとB両方があればAB型で，O（オー）は0（ゼロ＝凝集原なし）に由来する。この血液型は1901年オーストリアのラントシュタイナーによって報告された。ABO式以外にもRh式・MN式など多くの血液型の分類がある。

医学部で出る！

スピードチェック

□ 1 あらかじめ免疫記憶を形成させて病気を予防するために，抗原として体内に入れる物質を何とよぶか。 ➡ 最重要 62

□ 2 生後間もない時期に移植された細胞や組織に対しては拒絶反応が起こらなくなる。このような現象を何というか。 ➡ 最重要 63

□ 3 免疫反応が過敏になることで生じる，生体に不都合な反応を何というか。また，この反応の原因となる抗原を特に何というか。 ➡ 最重要 64

□ 4 免疫系が自己の細胞や成分を攻撃してしまう疾患を何というか。 ➡ 最重要 64

□ 5 ヒト免疫不全ウイルス（HIV）が原因で起こり，免疫の機能が低下する病気を何というか。 ➡ 最重要 64

解答

1 ワクチン　2 免疫寛容　3 反応…アレルギー，原因となる抗原…アレルゲン
4 自己免疫疾患　5 エイズ（AIDS，後天性免疫不全症候群）

第4章　章末チェック問題

□ **1** 物理的防御の例を3つ挙げよ。　➡ 最重要 55

□ **2** 化学的防御の例を4つ挙げよ。　➡ 最重要 55

□ **3** 自然免疫に関与する食細胞を3つ挙げよ。　➡ 最重要 56

□ **4** 体液性免疫と細胞性免疫の違いを簡単に説明せよ。　➡ 最重要 57

□ **5** 体液性免疫のあらすじを簡単に説明せよ。　➡ 最重要 59

□ **6** 細胞性免疫のあらすじを簡単に説明せよ。　➡ 最重要 60

□ **7** 予防接種と血清療法の違いを簡単に説明せよ。　➡ 最重要 62

□ **8** 臓器や皮膚の移植において，1回目の移植後よりも2回目の移植後のほうが，短時間で拒絶反応が起こる。この理由を，関与する細胞の名前を挙げて簡単に説明せよ。　➡ 最重要 60・63

解答

1 ① 粘膜が分泌する粘液により病原体が細胞に付着するのを防ぐ。
② 気管の細胞の繊毛運動により異物の肺への侵入を防ぐ。
③ 皮膚の角質層によりウイルスの感染を防ぐ。
← 死細胞からなりウイルスが感染できない。

2 ① 皮膚の表面を弱酸性に保ち病原体の繁殖を防ぐ。
② リゾチームによる，細菌の細胞壁の分解。
③ ディフェンシンによる，細菌の細胞膜の破壊。
④ 胃液に含まれる胃酸による殺菌。

3 好中球，マクロファージ，樹状細胞

4 体液性免疫では抗体が分泌され，抗原と反応することで異物が無毒化される。細胞性免疫では抗体の産生は見られず，キラーT細胞が非自己細胞と反応する。

5 樹状細胞が異物を取り込みリンパ節に移動し，ヘルパーT細胞に抗原提示する。ヘルパーT細胞は，同じ異物を取り込んだB細胞からも抗原提示を受けると，このB細胞に対して刺激物質を放出する。刺激を受けたB細胞は増殖し，形質細胞(抗体産生細胞)に分化して抗体を分泌する。分泌された抗体は抗原(異物)と特異的に結合し，抗体と結合してかたまりとなった抗原はマクロファージによって処理される。

6 まず樹状細胞が抗原を取り込んでリンパ節に移動し，キラーT細胞やヘルパーT細胞に抗原提示する。抗原提示を受けたヘルパーT細胞はキラーT細胞を刺激する物質を放出し，活性化する。活性化したキラーT細胞が抗原を持つ感染細胞やがん細胞，移植された非自己細胞を攻撃して破壊する。

7 あらかじめ抗原を体内に接種することで免疫記憶を形成させ，病気を予防するのが予防接種。他の動物に抗原を注射してつくらせた抗体を含む血清を注射して治療を行うのが血清療法。

8 1回目の移植で増殖したヘルパーT細胞やキラーT細胞の一部が記憶細胞として残っているから。

11 植生

最重要
★★
66 植生について次の２つのポイントが問われる！

ある場所をおおっている植物全体

1 **植生**に影響を与える主な要因は **気温** と **降水量** 。

- 気温が極端に低くなく，**降水量も十分にある**地域 ──→ **森林**
- 気温が極端に低くなく，降水量が少ない地域 ──→ **草原**
- さらに降水量が少ない地域や気温が極端に低い地域 ──→ **荒原**

漢字に注意！「先」ではない。

2 **相観**──植生の外観上の様相。相観を決定するのは **優占種**（最も数が多く，葉を茂らせている種）。

植生の垂直的な構造

最重要
★★
67 次の図で森林の階層構造の重要語句を覚えよう。

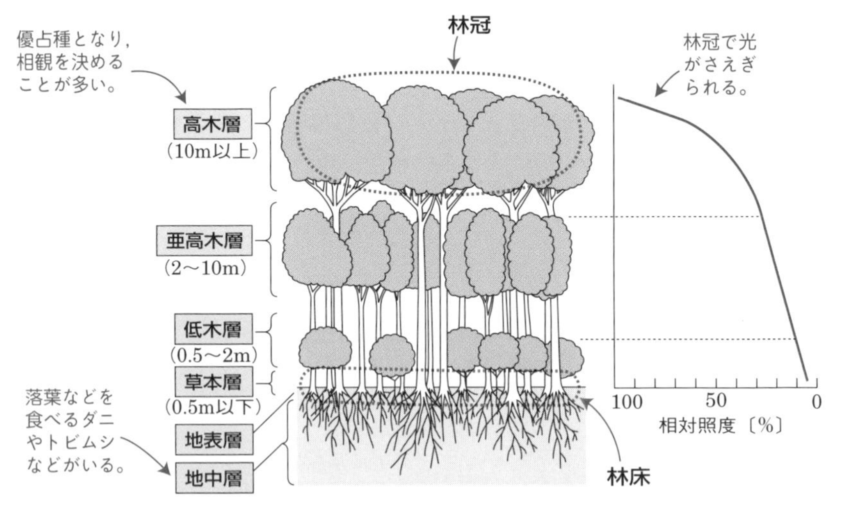

解説 森林の最上部で高木層の樹木がつながりあっている部分を**林冠**，地表に近い部分を**林床**（りんしょう）という。林冠によって光がさえぎられるため，林床の照度は低下する。

★★ 最重要 68

土壌についてのポイントは次の 3 点！

（土壌：岩石の風化物＋動植物の遺骸の分解でできた有機物）

1 土壌の構造

上から，落葉・落枝の層→**腐植土層**→岩石が風化した層

2 **腐植土層の厚さ**を決めるのは落葉・落枝の**供給速度**と**分解速度**。

3 **熱帯多雨林**では針葉樹林などに比べると**土壌の厚さが** **薄い**。 ← よ～く問われる！

解説 気温が高い場所では分解速度が大きく，特に腐植土層が薄い。

落葉・落枝の層
腐植土層
岩石が風化した層
（有機物を含まない層）
母岩（岩石）

★★★ 最重要 69

光の強さと光合成の関係は，次の 2 点を押さえよう。

1 **光合成速度－呼吸速度＝** **見かけの光合成速度**

解説 植物は光合成を行っているときも行っていないときも呼吸は行っている。そのため CO_2 の吸収(放出)速度を測定すると，光合成で吸収した CO_2 と呼吸で放出した CO_2 の差が測定値として現れる。この測定値を**見かけの光合成速度**という。

2 光合成速度のグラフ

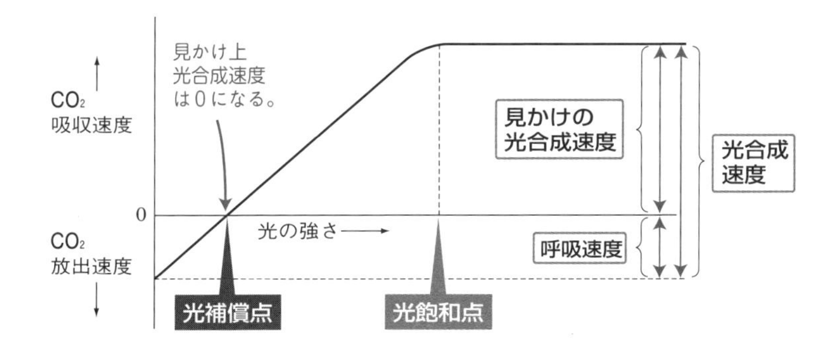

3 **光補償点**——**見かけの光合成速度が 0 となる**ときの光の強さ。

補足 植物は**光補償点より弱い光では生育できない。**

4 **光飽和点**——それ以上光を強くしても光合成速度が変化しなくなるときの光の強さ。

陽生植物と陰生植物，陽葉と陰葉の次の 2 つの特徴を覚えよう！

1 見かけの光合成速度のグラフにおける違い

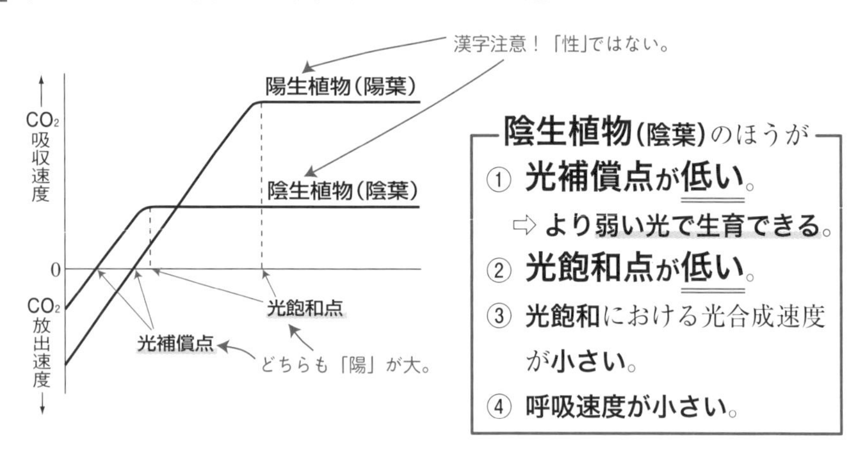

2 葉の違い

陰生植物(陰葉)のほうが

① 葉の**厚さが薄い。**

② 葉の**面積が大きい。**

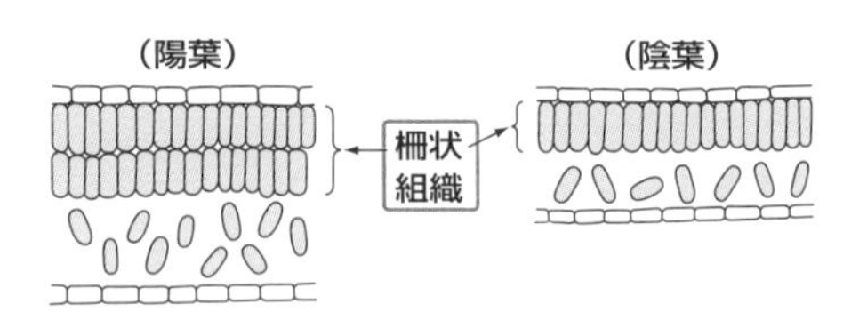

解説 芽生えや幼木の時期に陰生植物の特徴を示す樹木を**陰樹**，陽生植物の特徴を示す樹木を**陽樹**という。たとえ陰樹であっても成木になるとすべての葉が陰葉というわけではない。上層には陽葉，下層には陰葉がつく。あくまで芽生えや幼木の時期の特徴をもとに陽樹か陰樹か区別されていることに注意しよう。

スピードチェック

- □ 1 植生に影響を与える主な要因は何と何か。 ➡ 最重要 66
- □ 2 植生の外観上の様相を何というか。 ➡ 最重要 66
- □ 3 植生の中で最も数が多く，葉を茂らせている種を何というか。 ➡ 最重要 66
- □ 4 植生は垂直的にどのような構造を形成しているか。 ➡ 最重要 67
- □ 5 森林の最上部で高木層の樹木がつながり合っている部分を何というか。 ➡ 最重要 67
- □ 6 5 に対して森林の中で地表に近い部分を何というか。 ➡ 最重要 67
- □ 7 熱帯多雨林と針葉樹林を比べると土壌の厚さが薄いのはどちらか。 ➡ 最重要 68
- □ 8 見かけの光合成速度は光合成速度から何を引いた値か。 ➡ 最重要 69
- □ 9 見かけの光合成速度が 0 になるときの光の強さを何というか。 ➡ 最重要 69
- □10 それ以上光を強くしても光合成速度が変化しなくなるときの光の強さを何というか。 ➡ 最重要 69
- □11 陰葉と陽葉とでは 9 の値が小さいのはどちらか。 ➡ 最重要 70
- □12 陰葉と陽葉とでは 10 の値が小さいのはどちらか。 ➡ 最重要 70
- □13 陰葉と陽葉とで，葉の厚さが厚いのはどちらか。 ➡ 最重要 70

解答

1 気温と降水量　2 相観　3 優占種　4 階層構造　5 林冠
6 林床　7 熱帯多雨林　8 呼吸速度　9 光補償点
10 光飽和点　11 陰葉　12 陰葉　13 陽葉

12 遷移(植生遷移)

最重要 71 ★★★

遷移の過程を理解しよう!

遷移:植生が時間とともに変化していく現象。

1 遷移の種類

- **一次遷移**——**土壌が形成されていない**場所から始まる遷移。
  - **乾性遷移**——陸上の乾燥した**裸地**から始まる**遷移**。
  - **湿性遷移**——湖沼から始まる**遷移**。⇨最重要75
- **二次遷移**——土壌が形成された場所から始まる**遷移**。⇨最重要76

2 一次遷移(乾性遷移)の過程

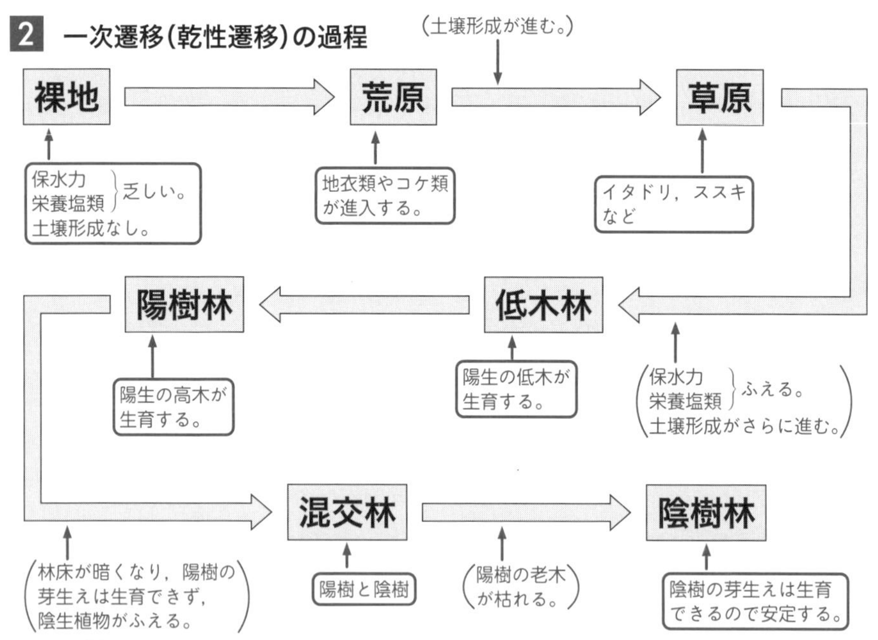

補足 地衣類は菌類と藻類あるいはシアノバクテリアの共生体。厳しい環境にも耐えられる。

3 先駆植物(パイオニア植物)——遷移の初期に進入する植物。

先駆植物:栄養分に乏しい高温や乾燥の厳しい環境で生育できる。

遷移の初期に現れる樹木の種類は**先駆樹種**という。

4 **極相**（クライマックス）――遷移が進み安定した状態。極相となった森林を**極相林**という。

↖ 幼木時に耐陰性が高い**陰樹**が極相樹種となる。

★★ 最重要 72 先駆樹種と極相樹種の違いを，次の表でまとめて覚えよう！

	幼木の耐陰性	種子の大きさ	樹木の種類
先駆樹種	低い	小さい	陽樹
極相樹種	高い	大きい	陰樹

解説 一般に**先駆樹種**や**先駆植物**は，遠くへ散布する小さな種子を数多く形成する。これにより新しい裸地にいち早く進入し，素早く芽生えて，強光下で速く成長する。一方，**極相樹種**の種子は大きく，栄養分を多く蓄えており，より大きな芽生えをつくって葉を展開することで，すでに他の植物が生育している場所に進入することができる。

★★★ 最重要 73 陽樹と陰樹の代表例ベスト18を覚えよう！

1 代表的な**陽樹**ベスト7

アカマツ・クロマツ・コナラ・クヌギ・ハンノキ・ ←― 温帯や暖帯

シラカンバ・ダケカンバ ←― 亜寒帯

（覚え方）**赤**（アカマツ）と**黒**（クロマツ）の**コ**（コナラ）・**ク**（クヌギ）・**バン**（ハンノキ）（黒板）**知ら**（シラカンバ）ん**だけ**（ダケカンバ）

2 代表的な**陰樹**ベスト11

主に西日本。→ **シイ・カシ・クスノキ・ツバキ・タブノキ**・

東北 → **ブナ**・

中部地方の亜高山帯 → **シラビソ・コメツガ・トウヒ**・

北海道 → **エゾマツ・トドマツ**

補足 同じマツでもアカマツやクロマツは陽樹だが，エゾマツやトドマツは陰樹である。個々に覚えておくしかないが，上に挙げたものだけで満点が取れる!!

極相林でもまったく変化がないわけではないっ！

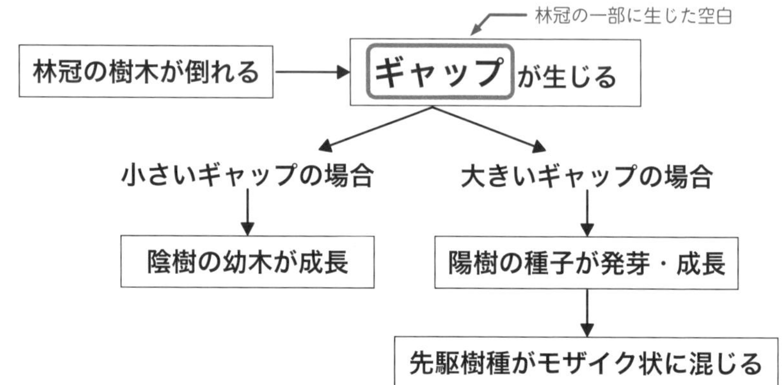

解説 極相林にも，常にさまざまな大きさの**ギャップ**が存在し，これにより極相林の樹種は豊富になり，多様な生物が生息できる。ギャップにおける森林の入れ替わりを，**ギャップ更新**という。

最重要 75

湿性遷移で覚えるのは，次の3つのポイントだけ！

1 湿性遷移は，**湖沼から始まる一次遷移**。

2 まず**沈水**植物 ⇨ 次いで**浮葉**植物 ⇨ やがて**抽水**植物。
クロモなど　ヒツジグサ，ヒシなど　ガマ，ヨシなど

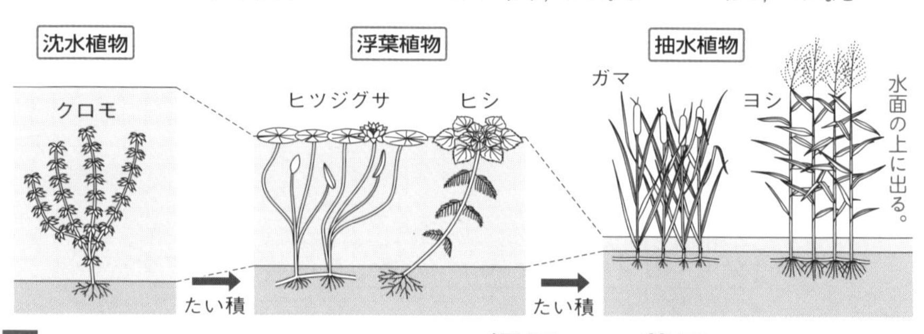

3 **土砂の流入**により水深が浅くなり，**湿原**を経て**草原**となる。
以降は乾性遷移と同じ。

二次遷移で問われるのは 2 つだけ！

1 **二次遷移**――**伐採**や**山火事**などで森林が破壊された場所から始まる遷移。

2 一次遷移よりも**短い期間**で**極相に達する**。

理由：**すでに土壌が形成されている**から。 ← これらの理由が問われる！

埋土種子や**植物の地下部**が残っているから。

スピードチェック

□ 1 遷移が進み到達した，安定した状態を何というか。 ➡ 最重要 71

□ 2 先駆樹種と極相樹種とで，幼木の耐陰性が高いのはどちらか。 ➡ 最重要 72

□ 3 先駆樹種と極相樹種とで，種子の大きさが小さいのはどちらか。 ➡ 最重要 72

□ 4 次の中から陽樹をすべて選べ。 ➡ 最重要 73
① アカマツ　② エゾマツ　③ ダケカンバ
④ クスノキ　⑤ コメツガ

□ 5 林冠を構成していた樹木の倒木などで林冠に空所が生じて始まる遷移を何というか。 ➡ 最重要 74

□ 6 湖沼から始まる一次遷移を何というか。 ➡ 最重要 75

□ 7 伐採や山火事などで破壊された植生から始まる遷移を何というか。 ➡ 最重要 76

解答

1 極相（クライマックス）　2 極相樹種　3 先駆樹種　4 ①，③
5 ギャップ更新　6 湿性遷移　7 二次遷移

13 気候とバイオーム

世界のバイオームについては，次の図とそれぞれを代表する種を覚えよ！

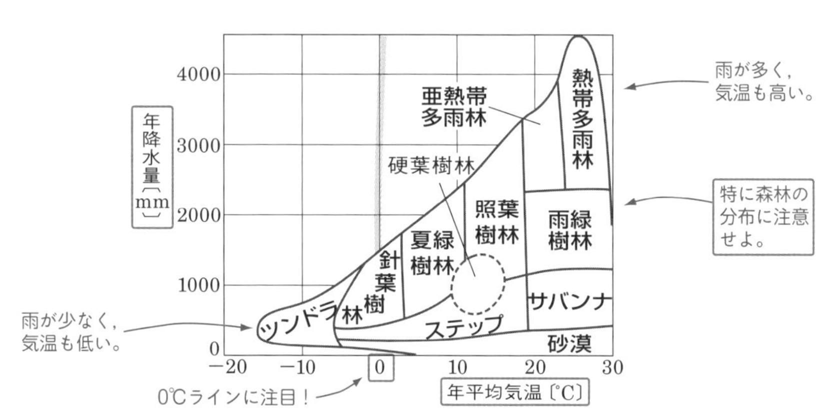

1 熱帯多雨林――ヒルギ・フタバガキ

解説 きわめて種類が多いが，フタバガキなどの高木やつる植物が繁茂し，海岸や河口付近にはヒルギなどが **マングローブ** 林を形成している。

2 亜熱帯多雨林――ビロウ・ヘゴ・ソテツ・ガジュマル・アコウ

（覚え方） **ビローと　へそ　が　赤うなる　亜熱帯**
（ビロウ）（ヘゴ・ソテツ）（ガジュマル）（アコウ）

3 照葉樹林―― **シイ・カシ・クスノキ・ツバキ・タブノキ** ← クチクラ層が発達し，葉の表面がピカピカ。

（覚え方） **鹿食った　そうよ。**
（シ・カ・ク・ツ・タ）（照葉）

4 夏緑樹林―― **ブナ・ミズナラ** ← 冬には落葉。

（覚え方） **夏　飲むのは　水なら　無難だ。**
（夏緑）（ミズナラ）（ブナ）

5 針葉樹林――シラビソ・コメツガ・トウヒ・エゾマツ・トドマツ

（覚え方） **信用したのに，調べたら　米つぶ　盗品だった。**
（針葉）（シラ）（コメツガ）（トウヒ）

6 **雨緑樹林**——チーク　(覚え方)　**雨がチクチク…**

7 **硬葉樹林**——オリーブ，コルクガシ

夏に乾燥，冬に雨が多い。
地中海などに分布。

8 **サバンナ**——熱帯草原　**解説** イネ科の草本が主体だが，樹木も点在する。

アカシアなど

9 **ステップ**——温帯草原　**解説** イネ科の草本が主体で，樹木は見られない。

10 **ツンドラ**——寒地荒原

11 **砂漠**——乾燥荒原

★★★ 最重要 **78**

水平分布は，気候帯とセットで覚えよう！

日本では**降水量は十分**あるので，バイオームは主に**気温で決まる**。

1 **亜寒帯——針葉樹林**

例 シラビソ・コメツガ・トウヒ

例は，最重要77のバイオームのものと同じでOK！

北海道では，特にエゾマツ・トドマツ

2 **冷温帯——夏緑樹林**

例 ブナ・ミズナラ

3 **暖温帯——照葉樹林**

例 シイ・カシ・クスノキ・ツバキ・タブノキ

4 **亜熱帯——亜熱帯多雨林**

例 ビロウ・ヘゴ・ソテツ・ガジュマル・アコウ

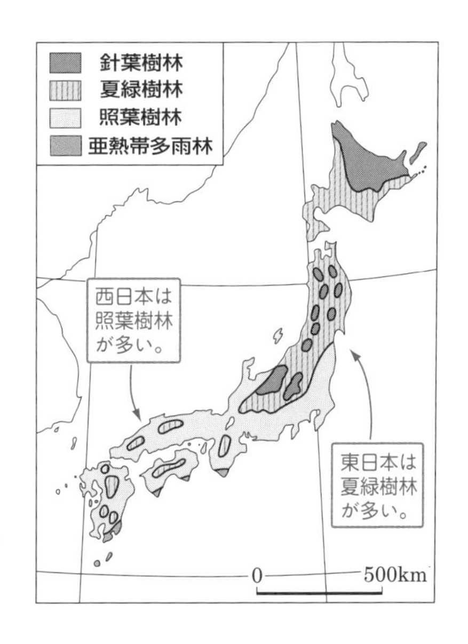

最重要 ★ 79

暖かさの指数の計算のしかたを理解しよう！

1 **暖かさの指数**――月の平均気温が5℃を超える月の平均気温から5℃を引いた値を合計したもの。

植物の生育には最低5℃以上が必要だから。

2 暖かさの指数と気候帯，成立するバイオームは右の表のように対応する。

（細かい数値を覚える必要はない。）

暖かさの指数	気候帯	バイオーム
0～15	寒帯	ツンドラ
15～45	亜寒帯	針葉樹林
45～85	冷温帯	夏緑樹林
85～180	暖温帯	照葉樹林
180～240	亜熱帯	亜熱帯多雨林
240以上	熱帯	熱帯多雨林

例題 **暖かさの指数**

月の平均気温が次のような場所がある。

1月	2月	3月	4月	5月	6月	7月	8月	9月	10月	11月	12月
1℃	−2℃	6℃	15℃	21℃	25℃	29℃	31℃	26℃	17℃	8℃	4℃

(1) 暖かさの指数を計算せよ。
(2) この場所で成立するバイオームを，上の表を参考にして答えよ。
(3) この場所で優占種となる樹木を2つ選べ。
a スダジイ　**b** ブナ　**c** シラビソ　**d** ガジュマル　**e** クスノキ　**f** トウヒ

解説 (1) 平均気温が5℃以上の月（3月～11月）について注目する。各月の平均気温から5℃を引き（たとえば3月だったら6℃−5℃＝1℃），その値を合計する。
(6−5)＋(15−5)＋(21−5)＋(25−5)＋(29−5)＋(31−5)＋(26−5)＋(17−5)＋(8−5)＝1＋10＋16＋20＋24＋26＋21＋12＋3＝133
(2) これを最重要79の表にあてはめると，85～180の暖温帯で，バイオームは照葉樹林とわかる。
(3) 照葉樹（シイ，カシ，クスノキ，ツバキ，タブノキ）を選べばよい。
bのブナは夏緑樹林，**c**のシラビソは針葉樹林，**d**のガジュマルは亜熱帯多雨林，**f**のトウヒは針葉樹林の樹木である。

答 (1) **133**　(2) **照葉樹林**　(3) **aとe**

垂直分布は中部地方における標高とセットで覚えよう！

水平分布だと寒帯に相当。

1 高山帯――2500 m 以上。

例 ハイマツ・コケモモ・コマクサ ← 高山草原に見られる草本。

（ハイマツ：低木）

解説 中部山岳地帯では2500 m付近になると高木の森林が見られなくなる。この境界を，**森林限界**という。

水平分布では亜寒帯。

2 亜高山帯――1700 m～2500 m。針葉樹林。

例 シラビソ・コメツガ・トウヒ ← 北海道ではないので，エゾマツ・トドマツは見られない。

水平分布では冷温帯。

3 山地帯――700 m～1700 m。夏緑樹林。

例 ブナ・ミズナラ

水平分布では暖温帯。

4 丘陵帯(低地帯)――700 m 以下。照葉樹林。

例 シイ・カシ・クスノキ・ツバキ・タブノキ

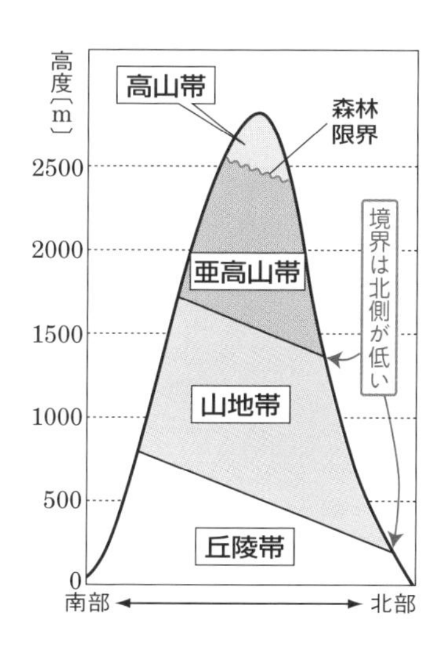

植物の生活形では，環境と生活形の分布を押さえておこう。

1 **ラウンケルの生活形**――冬期(低温期)や乾期を耐える **休眠芽** (冬芽，抵抗芽)の位置(地表面からの高さ)によって分類。

2 非常に**冬の** **低温** が厳しい場所 ⇨ **半地中植物**の割合が多い。
休眠芽が地表面に接している。

3 非常に **乾燥** の厳しい場所 ⇨ **一年生植物**の割合が多い。
冬期や乾期は種子ですごす。

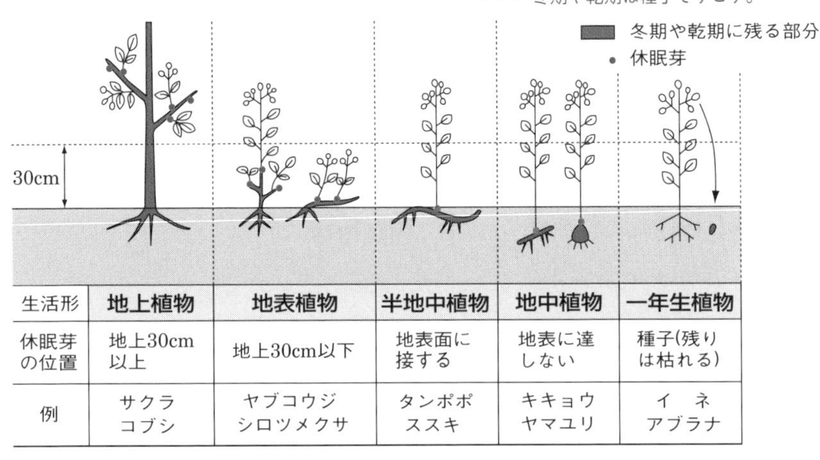

生活形	地上植物	地表植物	半地中植物	地中植物	一年生植物
休眠芽の位置	地上30cm以上	地上30cm以下	地表面に接する	地表に達しない	種子(残りは枯れる)
例	サクラ コブシ	ヤブコウジ シロツメクサ	タンポポ ススキ	キキョウ ヤマユリ	イネ アブラナ

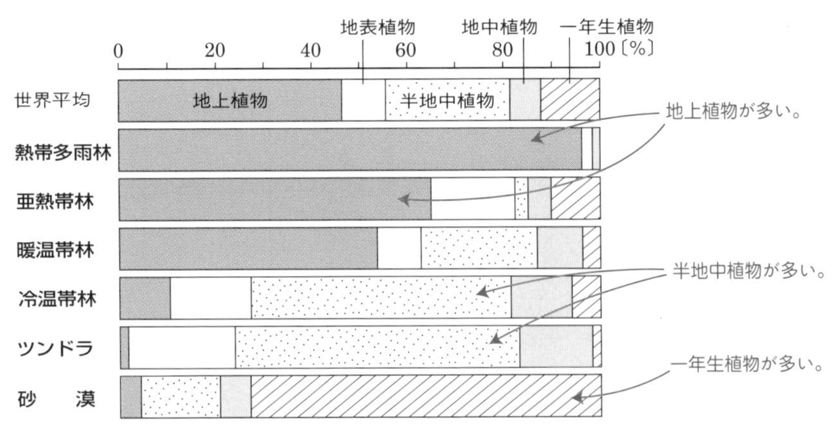

スピードチェック

□ **1** 次図のA～Eにあてはまるバイオームの名称を答えよ。 ➡ 最重要 77

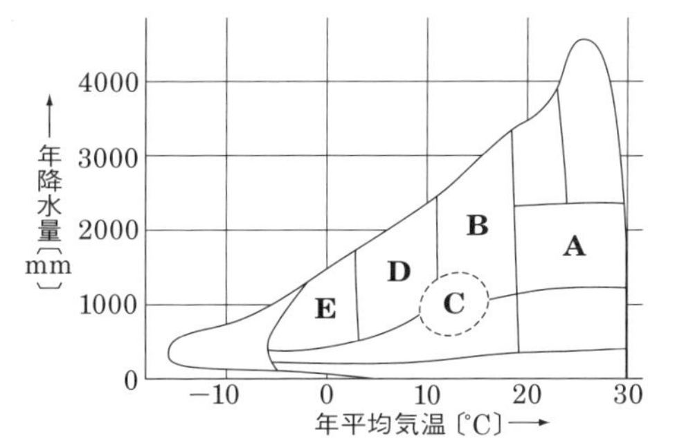

□ **2** 次の中で硬葉樹林で優占する植物を選べ。 ➡ 最重要 77
① ヘゴ　② カシ　③ ブナ　④ オリーブ

□ **3** 熱帯で見られるバイオームで，樹木が点在する草原は何か。 ➡ 最重要 77

□ **4** 日本の暖温帯(暖帯)で見られるバイオームは何か。 ➡ 最重要 78

□ **5** 日本の冷温帯(温帯)で見られる代表的な樹種を1つ選べ。 ➡ 最重要 78
① シイ　② ブナ　③ シラビソ　④ ガジュマル

□ **6** 月平均気温が5℃以上となる月の月平均気温から5℃を引いた値を求め，これを合計したものを何の指数というか。 ➡ 最重要 79

□ **7** 日本の中部地方において標高1000m付近で見られるバイオームは何か。 ➡ 最重要 80

□ **8** 日本の中部地方における森林限界の標高は次のうちのいずれか。 ➡ 最重要 80
① 1500m　② 2000m　③ 2500m　④ 3000m

□ **9** 冬の低温が厳しい場所では地上植物と半地中植物のどちらの割合が多いか。 ➡ 最重要 81

解答

1 A雨緑樹林　B照葉樹林　C硬葉樹林　D夏緑樹林　E針葉樹林
2 ④　3 サバンナ　4 照葉樹林　5 ②　6 暖かさの指数　7 夏緑樹林
8 ③　9 半地中植物

14 生態系

生態系の構成と重要語句を覚えよう！

1 **生態系**――その場所における**非生物的環境**(光，温度，水，土壌など)とすべての**生物**のまとまり。

2
- **作用**――非生物的環境から生物への働きかけ。（注意！向きが限定されている。）
- **環境形成作用**――生物が非生物的環境に及ぼす働きかけ。

3
- **生産者**――水や二酸化炭素などの無機物から有機物を合成する生物(植物や藻類など)。（炭酸同化(主に光合成)）
- **消費者**――生産者が生産した有機物を直接あるいは間接的に取り込む生物(動物など)。

動物食性動物が取り入れて利用する有機物も，もとは植物がつくったもの。

補足 消費者の中で遺体や排出物に含まれる有機物を無機物に分解する過程に関わる生物(菌類や細菌など)を，特に**分解者**という。

4 次の図で生態系の構成を覚えよう！この図がそのまま問われる！

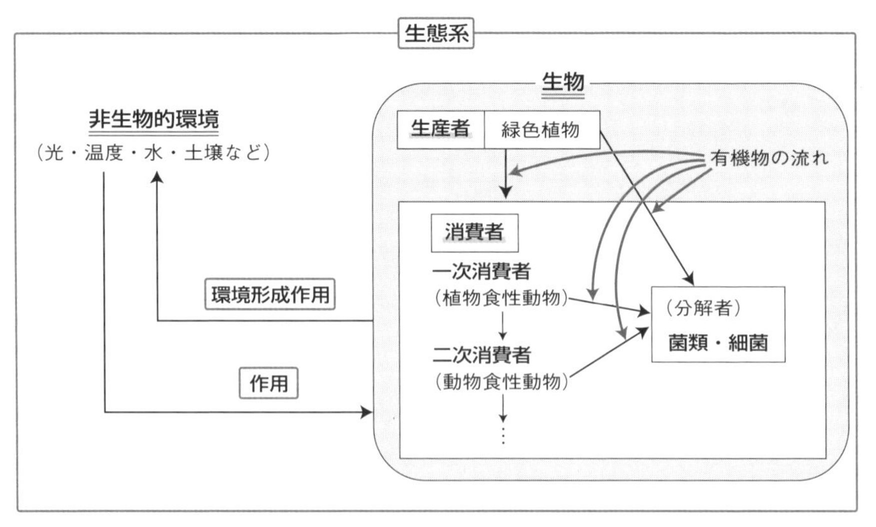

食物連鎖・腐食連鎖・食物網の3つの用語を理解せよ！

- **食物連鎖** —— 被食者と捕食者の一連のつながり。
- **腐食連鎖** —— 生物の遺骸から始まる食物連鎖。
- **食物網** —— 食物連鎖の複雑な網目状の関係。

解説 **腐食連鎖**とは，たとえば枯葉をトビムシが食べ，トビムシをダニが食べるというように，枯れ葉や枯れ木，動物の死体・排出物などから始まる食物連鎖のこと。腐食連鎖は生態系の物質循環において非常に重要である。

生態ピラミッドには大きく2種類がある。

1 **栄養段階** —— 栄養の取り方によって分けた食物連鎖の各段階のこと。具体的には，生産者，一次消費者，二次消費者など。

2 **生態ピラミッド** —— 各栄養段階ごとの量(個体数や生物量)を積み重ねて描いた図。

- **個体数ピラミッド** —— 生物の**個体数**を積み重ねて描いた図。
- **生物量ピラミッド** —— **生物体の重量**を積み重ねて描いた図。

3 生態ピラミッドは，ふつうは**上位の栄養段階になるほど値が小さくなる**ので**ピラミッド状**になるが，逆三角形になる例も問われる！

① **個体数ピラミッドが逆三角形になる場合**　生産者が樹木で一次消費者が小形昆虫の場合，捕食者が被食者に寄生している場合。

② **生物量ピラミッドが逆三角形になる場合**　生産者が植物プランクトンの外洋生態系。

解説 一時的に捕食者の動物プランクトンより少なくなることがあるが，増殖スピードが速く，食い尽くされない。

生産速度ピラミッドともいう。

補足 各栄養段階が獲得したエネルギー量の生態ピラミッドを**生産力ピラミッド**といい，これはどのような場合でも例外なくピラミッド状になる。これは，各栄養段階が1つ前の栄養段階から獲得したエネルギーの一部は必ず**呼吸**によって(**熱エネルギー**として)失われるためである。

生態系のバランスについてポイントを押さえること。自然浄化を示すグラフは頻出。

1 生態系の一部を破壊するような外的要因を**かく乱**という。

補足 かく乱には自然かく乱と人為的かく乱がある。

2 かく乱の程度が小さければ，やがてもとの状態に戻ることができる。これを**生態系の復元力**という。 ← 生態系のバランスが保たれる。

3 **キーストーン種**——**食物網の上位にあり，種多様性の維持に大きな影響を与える種**。

解説 その動物が生態系からいなくなると捕食されていた生物のうち一部の種が他の生物を圧倒して増え，生態系の構成が大きく偏ってしまう。

4 **間接効果**——ある生物の存在が，その生物と**直接食う・食われるの関係にない生物に影響を及ぼす**こと。 ← 捕食者や食物の増減に働くなど。

5 河川に汚濁物質が流入して水質が悪化した後，生物の働きや泥や岩などへの吸着によって汚濁物質が減少していく働きを**自然浄化**という。

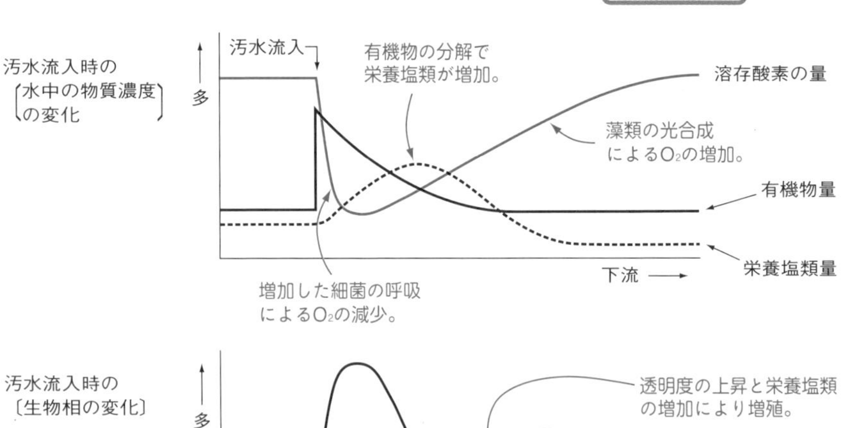

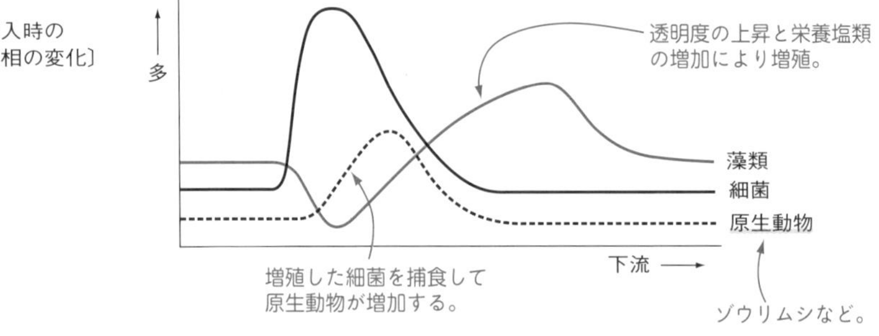

最重要 86 ★★★

水質汚染については汚染物質の違いによって，次の3つに分けて整理するのがポイント。

1 有機物が多量に流入した場合

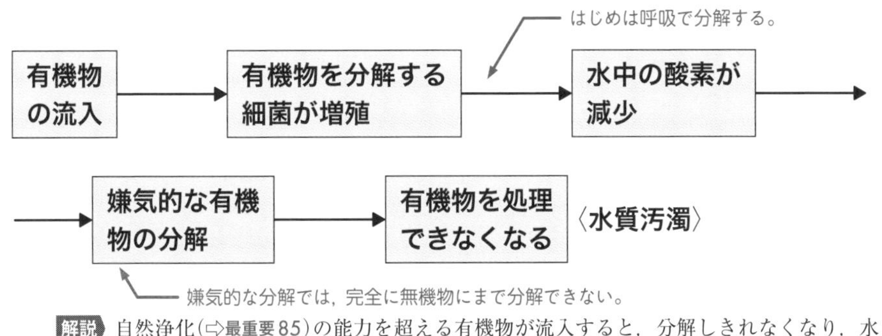

解説 自然浄化(⇨最重要85)の能力を超える有機物が流入すると，分解しきれなくなり，水質汚濁が起こる。

2 栄養塩類が多量に流入した場合

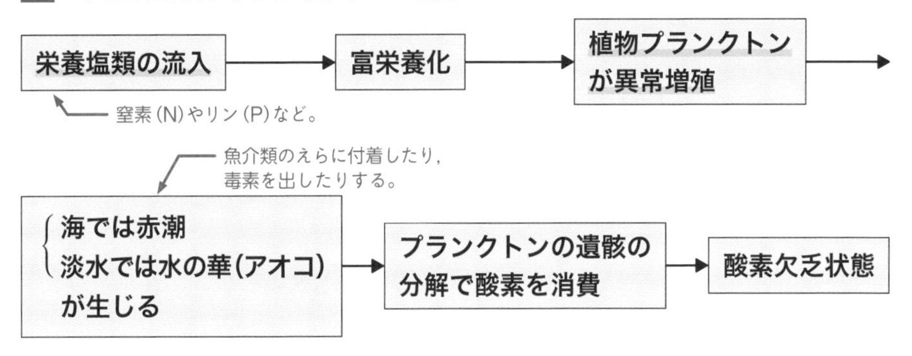

3 農薬(DDTなど)や重金属・ダイオキシンなどが流入した場合

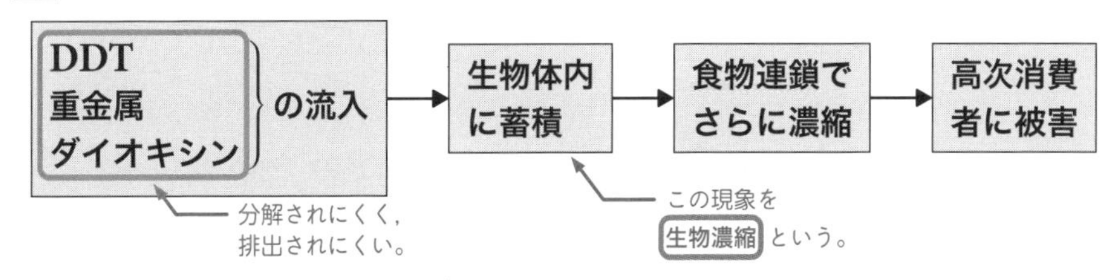

地球温暖化は国際的に最重要視されている問題！

1 地球温暖化のしくみ

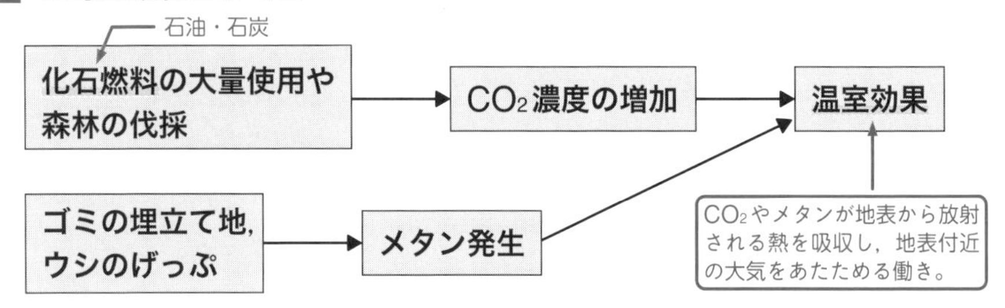

解説 CO_2やメタンのような温室効果の働きを持つ気体を**温室効果ガス**という。CO_2やメタン以外に，フロンも温室効果ガスの１つである。

2 地球温暖化による影響

① **海水面の上昇**

氷山などの海上の氷の融解は海面上昇の原因ではない。

解説 海水温の上昇による海水の膨張や氷河の融解などによる。

② サンゴの**白化現象**

解説 海水温の上昇により，サンゴと共生していた藻類がサンゴから離れてしまうこと。その結果サンゴが死滅し，サンゴを利用していたさまざまな生物も生息できなくなる。

③ 昆虫の分布域の変化による**伝染病の感染地域の拡大**

④ **気候変動**による**大雨**や**干ばつ**などの異常気象

⑤ 気温上昇に対応できない**植物の絶滅**

解説 高緯度に分布域を広げる前に現在の分布域で生育できなくなったり，高山に進出した低地の植物や動物によって在来の植物が絶滅したりする。

★★★ 最重要 88

外来生物の定義と代表例を押さえよう！

1

外来生物――**人間活動によって本来の生息場所から別の場所に持ち込まれ**，その場所で定着した生物。（人間活動：故意でも故意でなくても。）

在来生物――その地域に古くから生息している生物。

解説 国内の移動でも人為的に別の生息場所から持ち込まれた生物は外来生物に該当する。

2

侵略的外来生物――生態系や人間の生活に大きな影響を与える，またはそのおそれがある外来生物。

特定外来生物――侵略的外来生物のうち，環境省が**外来生物法**によって栽培や飼育，輸入，生体の移動を禁止したもの。

解説 外来生物法が定める特定外来生物は主に明治以降に外国から日本に移入された種を対象とする。

3 **特定外来生物の代表例**

植物――ボタンウキクサ，オオキンケイギク

動物――オオクチバス，ブルーギル，フイリマングース，アライグマ，グリーンアノール，ヒアリ

4 **外来生物が数を増やしていく原因**

① **天敵や競争種が少ない**ため。

解説 従来の生態系に存在しなかった種には，それを捕食する在来生物も存在しなかったり，その生物による捕食に対する防御機構を持たなかったりする場合がある。

② **都市化により，在来生物を中心とした生態系のバランスが崩れたため。**

③ 競争関係にある在来生物より成長や繁殖の速度が速い。

5 **外来生物が生態系に与える影響**

① **在来生物を捕食**したり**食物や生活場所などの資源を奪う**。

解説 植物の場合は，在来の植生の上や水面を覆い日光を遮って生育を阻害する。

② **環境を改変**して在来生物の生存・繁殖を妨げる。

例 コイ：水底の泥をかく拌して水質を悪化させる。
アメリカザリガニ：水中や水辺の植物を切断して植生を消失させる。

③ **遺伝的かく乱**――在来の個体と交配してその地域固有の遺伝子構成を失わせる。（在来の個体：在来生物と同種または近縁の生物。）

生態系の保全について次の5点を押さえよう！

1 **湿地**(湿原・湖沼・河川・**干潟**・水田・マングローブ林・サンゴ礁)の保全

多くの生物が生息し多様性を保っている。
水の浄化能力が高い。

⇨ これらの消失により多様性が失われ，自然浄化の働きが失われる。

⇨ **ラムサール条約**(渡り鳥の中継地や水鳥の生息地となる湿地の保全と利用を目的とする)

2 **里山の再評価**――人間の関与による多様性の維持。

（里山：人里とその周辺の農地や雑木林など）

解説 燃料や肥料にするための雑木林の適度な伐採や下草刈りなどといった適度なかく乱により，多様な生物が生息する環境が維持されてきた。しかし化石燃料や化学肥料の普及，人口の減少などで雑木林が放置され，遷移が進み，多様性が低下している。

（遷移が進み：陰樹林の中は暗く，生育できる動植物の種が比較的少なくなる。）

3 絶滅の恐れのある生物を**絶滅危惧種**という。
絶滅危惧種のリストを**レッドリスト**といい，
それらをまとめた本を**レッドデータブック**という。

⇨ **ワシントン条約**(絶滅の恐れのある野生動植物の種の国際取引に関する条約)

4 生態系から受けている恩恵を**生態系サービス**といい，次の4つがある。

（生態系から受けている恩恵：生態系を保全しなければならない理由。）

① **基盤サービス**――光合成による酸素供給など。
② **供給サービス**――動物や植物が食料となることなど。
③ **調節サービス**――植物が生育していることによる気温変化の緩和など。
④ **文化的サービス**――観光や森林浴でのリフレッシュなど。

5 **環境アセスメント**――開発が，どの程度生態系に影響を及ぼすかの事前調査と評価。

スピードチェック

□ 1 生物群集とそれを取り巻く非生物的環境のまとまりを何というか。 ➡ 最重要 82

□ 2 生物が非生物的環境に及ぼす働きかけを何というか ➡ 最重要 82

□ 3 栄養の取り方によって生物を分けた食物連鎖の各段階のことを何というか。 ➡ 最重要 84

□ 4 生態系の一部を破壊するような外的要因を何というか。 ➡ 最重要 85

□ 5 食物網の上位にあり，種多様性の維持に大きな影響を与える種を何というか。 ➡ 最重要 85

□ 6 ある生物の存在が，その生物と直接食う・食われるの関係にない生物に影響を及ぼすことを何というか。 ➡ 最重要 85

□ 7 河川に汚濁物質が流入しても，生物の働きなどにより汚濁物質が減少していく働きを何というか。 ➡ 最重要 85

□ 8 富栄養化により植物プランクトンが異常増殖した結果生じる現象を淡水では特に何というか。 ➡ 最重要 86

□ 9 地表を覆う気体が地表から放射される熱を吸収することで地表付近の大気の温度を上昇させることを何というか。 ➡ 最重要 87

□ 10 環境省が外来生物法によって栽培・飼育・輸入などを禁止している外来生物を特に何というか。 ➡ 最重要 88

□ 11 人里とその周辺の農地や雑木林などの地域一帯を何というか。 ➡ 最重要 89

□ 12 開発が生態系に及ぼす影響を調べる事前調査と評価を何というか。 ➡ 最重要 89

解答

1 生態系　2 環境形成作用　3 栄養段階　4 かく乱　5 キーストーン種
6 間接効果　7 自然浄化　8 水の華（アオコ）　9 温室効果
10 特定外来生物　11 里山　12 環境アセスメント

第 5 章　章末チェック問題

□ **1** 熱帯多雨林では，土壌の厚さ，特に腐植土層の厚さが薄い。この理由を簡単に説明せよ。 ➡ 最重要 68

□ **2** 光補償点，光飽和点，呼吸速度について，陽生植物に比べて陰生植物はそれぞれどのような特徴があるか答えよ。 ➡ 最重要 70

□ **3** 一般的に二次遷移の進行が一次遷移に比べて速い理由を 2 点挙げよ。 ➡ 最重要 76

□ **4** 降水量が多い場所に成立するバイオームを，気温が高い地域で成立するバイオームから順に挙げよ。 ➡ 最重要 77

□ **5** 中部地方の垂直分布で見られる 4 つの区分と，成立するバイオームの名称をそれぞれ標高の低いほうから順に答えよ。 ➡ 最重要 80

□ **6** 河川に汚濁物質が流入すると，水中の溶存酸素が減少する。この理由を簡単に説明せよ。 ➡ 最重要 86

□ **7** 地球温暖化に伴う海水温の上昇によって，サンゴにどのような影響が及ぼされるかを簡単に説明せよ。 ➡ 最重要 87

□ **8** 外来生物とはどのような生物か，簡単に説明せよ。 ➡ 最重要 88

□ **9** 生態系サービスの種類を 4 種類挙げよ。 ➡ 最重要 89

解答

1 気温が高く，生物による分解速度が大きいから。

2 光飽和点…低い　光補償点…低い　呼吸速度…小さい

3 ① すでに土壌が形成されているから。
② 埋土種子や植物の地下部が残っているから。

降水量の多い地域では森林が形成される。

4 熱帯多雨林→亜熱帯多雨林→照葉樹林→夏緑樹林→針葉樹林

5 垂直分布の区分…丘陵帯→山地帯→亜高山帯→高山帯
バイオーム…照葉樹林→夏緑樹林→針葉樹林→ハイマツ林や高山草原

6 汚濁物質が微生物の呼吸によって分解される際に，水中の酸素が使われるから。

7 サンゴと共生していた藻類(褐藻虫)がサンゴから離れる白化現象が起こり，やがてサンゴが死滅する。

8 人間活動によって本来の生息場所から別の場所に持ち込まれ，その場所で定着した生物。

9 基盤サービス，供給サービス，調節サービス，文化的サービス

索引

た行

な行

は行

ま行

や行

ら行

わ行

②

《著者紹介》

■**大森徹（おおもり・とおる）**

駿台予備学校にて主に関西地区の講義と，映像放送サテネットを担当。「生物が苦手な人に生物が得意で大好きになってもらう」をモットーに，わかりやすくポイントを押さえた講義と書籍で圧倒的な人気とキャリアを誇る。

主な著作『大森徹の最強講義126講生物』『共通テストはこれだけ！生物基礎』『大森徹の最強問題集159問生物』（いずれも文英堂），『大森徹の入試生物の講義』『基礎問題精講生物』（旺文社），『理系標準問題集生物』（駿台文庫），『共通テストが1冊でしっかりわかる本』（かんき出版）

□ 編集協力　松本陽一郎　南昌宏

□ 本文デザイン　二ノ宮 匡（ニクスインク）

□ 図版作成　㈲デザインスタジオエキス．甲斐美奈子

シグマベスト
大学入試
生物基礎の最重要知識
スピードチェック

編　者　大森　徹

発行者　益井英郎

印刷所　中村印刷株式会社

発行所　株式会社文英堂

〒601-8121　京都市南区上鳥羽大物町28

〒162-0832　東京都新宿区岩戸町17

（代表）03-3269-4231

●落丁・乱丁はおとりかえします。